普通高等职业教育"十三五"规划教材

计算机应用基础实验教程
（Win7+Office2010）

安远英　主　编

陈海英　段永平　副主编

黄　霖　杨　婷　李徐梅　吴　杰　参　编
陈　翔　谭秦红　张　翔　田　甜

U0353836

清华大学出版社
北　京

内 容 简 介

本书是与《计算机应用基础教程(Win 7＋Office 2010)》(段永平主编)配套的实验指导书。全书共有 6 个项目，包含 16 个任务，每个任务包含任务描述、任务实施、操作技巧、拓展训练和学习评价。通过完成这些任务，学生可以提高对 Windows 7 操作系统和 Office 2010 办公套装软件的应用能力，同时培养其自学能力、实践动手能力和创新能力。

本书适合作为各类中高职院校计算机文化基础类课程的实验教材，也可作为学习计算机应用技能的自学教材。

图书在版编目(CIP)数据

计算机应用基础实验教程：Win7＋Office2010 / 安远英主编. —北京：清华大学出版社，2017

(普通高等职业教育"十三五"规划教材)

ISBN 978-7-302-48107-2

Ⅰ.①计… Ⅱ.①安… Ⅲ.①Windows 操作系统-高等职业教育-教材 ②办公自动化-应用软件-高等职业教育-教材 Ⅳ.①TP316.7 ②TP317.1

中国版本图书馆 CIP 数据核字(2017)第 207078 号

责任编辑：刘志彬
封面设计：汉风唐韵
责任校对：宋玉莲
责任印制：王静怡

出版发行：清华大学出版社
　　　网　　　址：http：//www.tup.com.cn，http：//www.wqbook.com
　　　地　　　址：北京清华大学学研大厦 A 座　　　　邮　　编：100084
　　　社 总 机：010-62770175　　　　　　　　　　邮　　购：010-62786544
　　　投稿与读者服务：010-62776969，c-service@tup.tsinghua.edu.cn
　　　质量反馈：010-62772015，zhiliang@tup.tsinghua.edu.cn
印 装 者：三河市海新印务有限公司
经　　销：全国新华书店
开　　本：185mm×260mm　　　印　　张：12.5　　　字　　数：306 千字
版　　次：2017 年 8 月第 1 版　　　　　　印　　次：2017 年 8 月第 1 次印刷
印　　数：1～8000
定　　价：35.00 元

产品编号：076135-01

前　言

　　"计算机应用基础"课程是高等职业院校和中职学校各专业的计算机公共基础课,是全国高校计算机等级考试一级的统考课程。为了提高学生的计算机操作能力,加深对《计算机应用基础教程(Win 7＋Office 2010)》中基础知识和基本概念的理解,我们编写了这本实验教程。

　　本书按照高职高专人才培养目标对计算机基础技能的要求,根据教育部考试中心"计算机等级考试一级考试大纲"改革要求,以及当前计算机发展的最新成果编写而成。本书共有 6 个项目,包含 16 个任务,每个任务包含任务描述、任务实施、操作技巧、拓展训练和学习评价。通过完成这些任务,可以提高学生对 Windows 7 操作系统和 Office 2010 办公套装软件的应用能力。同时还可以培养学生的自学能力、实践动手能力和创新能力。应该强调的是,在实际应用中,利用 Office 2010 完成一项工作时,可用的命令和操作方法是多种多样的,希望同学在学习的过程中,能够举一反三,多了解 Office 2010 各个模块和工具的功能,以便在日常工作中灵活使用该办公工具,提高工作效率和质量。

　　本书还附有计算机等级考试基本要求(一级计算机基础及 MS Office 应用)和计算机等级考试模拟试卷及参考答案(一级计算机基础及 MS Office 应用),可作为参加高校计算机等级考试前的练习。

　　本书可作为计算机基础课的教学用书,也可作为全国计算机等级考试(一级计算机基础及 MS Office 应用)应试者的指导书。

　　我们在编写过程中参考了相关的文献资料和网站内容,在此对这些文献资料的所有作者表示感谢。由于编者水平有限,书中疏漏在所难免,敬请广大读者批评指正,以便再版时修订。

编　者

目　录

计算机基础知识

任务 1 计算机硬件系统的安装与测试

任务描述

计算机硬件是组成计算机的物理设备，它们是构成计算机的看得见、摸得到的物理实体，包括运算器、控制器、存储器、输入/输出设备和各种线路、总线等。本任务通过计算机硬件组装认识计算机各硬件设备。

任务实施

进行计算机硬件组装之前，先拆开主机箱的完整包装，将其中所附带的螺丝包打开，并按照不同规格分开放置。认真阅读主板说明书，了解主板的结构。

▶ 1. 安装 CPU

在这里，我们以 Pentium E5700 处理器的安装过程为例进行说明。Pentium E5700 处理器是 64 位的，采用 LGA 775 接口，如图 1-1 和图 1-2 所示。

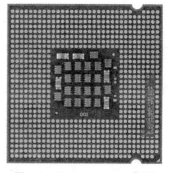

图 1-1　Pentium E5700 处理器正面　　　图 1-2　Pentium E5700 背面

LGA 775 接口的 Intel 处理器采用触点式设计，与之前的 Socket 478 插座相比，它最大的优势在于不用担心针脚的折断问题，但这种设计给主板上的 CPU 插座提出了更高的要求。主板上的 CPU 插座如图 1-3 所示。

在安装 CPU 之前，先要打开 CPU 插座。具体方法是：用适当的力向下轻压固定 CPU 的压杆，同时用力往外推压杆，使其脱离固定卡扣，然后就可以顺利地将压杆拉起，如图 1-4 所示。

接下来，我们将固定 CPU 的盖子向 CPU 固定压杆的反方向提起，如图 1-5 所示。这时，可以看到裸露的 CPU 插座，如图 1-6 所示。

在安装 CPU 时，要特别注意，在 CPU 的一个角上有个三角形的标识，在主板的 CPU 插座上同样会发现一个三角形的标识。为了使得 CPU 能够正确地安放到位，必须保证 CPU 上印有三角形标识的角与主板上印有三角形标识的角对齐，然后慢慢地将处理器轻压到位，如图 1-7 和图 1-8 所示。

图 1-3　主板上的 CPU 插座

图 1-4　解除 CPU 固定压杆的锁定状态

图 1-5　打开用于固定 CPU 的盖子

图 1-6　裸露的 CPU 插座

图 1-7　安装 CPU 时要将三角形标识对齐

图 1-8　将 CPU 安放到位

　　将 CPU 安放到位以后，要盖好扣盖，并反方向用力扣下 CPU 的固定压杆，CPU 安装完成后的状态如图 1-9 所示。

图 1-9　CPU 安装完成后的状态

▶ 2. 安装 CPU 散热器

CPU 在工作过程中发热量较大，为了保证 CPU 的正常工作，选择一款散热性能出色的散热器成为关键。当然，如果散热器安装不当，也会使得散热效果大打折扣。

安装散热器之前，首先要在 CPU 表面均匀地涂上一层导热硅脂。很多散热器，尤其是盒装 CPU 的原装散热器，在购买时已经在底部与 CPU 接触的部分涂上了导热硅脂，如图 1-10 所示，这时就没有必要再在处理器上涂一层导热硅脂了。

安装散热器时，要将其四角对准主板相应的位置，然后用力压下四角扣具即可。散热器固定好以后，还要将散热风扇接到主板的供电接口上。先找到主板上安装 CPU 散热风扇的接口（在主板上的标识字符为 CPU_FAN），然后将风扇电源插头插放进去即可，如图 1-11 所示。由于主板的风扇电源插头都采用了防呆式的设计，反方向无法插入，因此安装起来相当方便。

图 1-10　散热器底部表面涂有导热硅脂

图 1-11　连接 CPU 散热风扇的电源接口

▶ 3. 安装内存条

内存可以成为影响系统整体性能的最大瓶颈，而双通道的内存设计有效地解决了这一问题。提供 Intel 64 位处理器支持的主板目前均提供双通道功能，建议大家在选购内存条时尽量选择两根同规格的内存来搭建双通道。

主板上的内存条插槽一般都采用两种不同的颜色来区分双通道与单通道，将两条规格相同的内存条插入相同颜色的插槽中，即打开了双通道功能。安装内存条时，先用手将内存条插槽两端的扣具打开，然后将内存条平行放入内存插槽中，用两拇指按住内存条两端轻微向下压，听到"啪"的一声响后，即说明内存条安装到位，如图 1-12 所示。

▶ 4. 将主板安装固定到机箱中

目前，大部分主板为 ATX 或 MATX 结构，机箱的设计一般都符合这两种标准。在安装主板之前，要先安装机箱提供的主板垫脚螺母，将其安放到机箱主板托架的对应位置（有些机箱购买时就已经安装好）。接下来，将主板放入机箱中的对应位置，如图 1-13 所示。

主板一定要确保安装到位，不能出现错位或轻动，这一点可通过机箱背部的主板挡板来确定，如图 1-14 所示。

图 1-12　完成内存条的安装

图 1-13　将主板放入机箱中

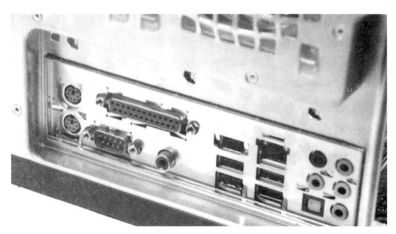

图 1-14　机箱背部的主板挡板

拧紧主板固定螺丝，固定好主板，机箱的内部如图 1-15 所示。

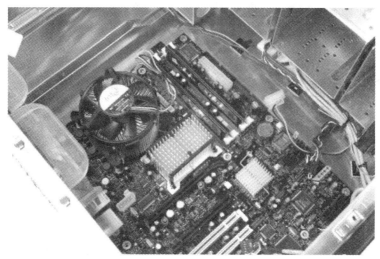

图 1-15　主板固定后机箱的内部情况

▶ 5. 安装硬盘

现在需要将硬盘固定在机箱的 3.5 寸硬盘托架上。对于普通的机箱而言，我们只需要将硬盘放入机箱的硬盘托架上，拧紧螺丝使其固定即可。有很多用户使用了可拆卸的 3.5 寸硬盘托架，拉动托架扳手即可固定或取下 3.5 寸硬盘托架，可以在机箱外完成硬盘的安装操作，将托架重新装入机箱，并将固定扳手拉回原位固定好硬盘托架，如图 1-16 所示。还有几种固定硬盘的方式，视机箱的不同而不同。大家可以参考相关说明，方法也比较简单，在此不一一介绍。

图 1-16　重新固定硬盘托架

▶ 6. 安装光驱和电源

安装光驱时，取下机箱前面板，然后将光驱按正确的方向推入空出的仓位，拧紧螺丝即可，如图 1-17 所示。

电源的安装方法比较简单，放入到位后，拧紧螺丝即可。

图 1-17 将光驱推入安装仓位

▶ 7．安装显卡

目前，PCI-E 显卡已经成为市场的主流产品，首先找到主板上的 PCI-E 16X 插槽，用手轻握显卡的两端，垂直对准主板上的显卡插槽，向下轻压到位后，再用螺丝固定即可。

▶ 8．连接线缆

安装完显卡，接下来的工作便是连接机箱内所有的线缆了。首先连接硬盘和光驱的电源线和数据线，图 1-18 所示为一块 SATA 接口的硬盘，右边红色的为数据线，黑黄红交叉的则是电源线，安装时将这些线缆分别插入对应的接口即可。

图 1-18 连接硬盘的数据线和电源线

分别连接光驱数据线和电源线，如图 1-19 所示。

将数据线的另一头连接到主板上的 IDE 接口，如图 1-20 所示。

下面再连接主板的供电接口和 CPU 的供电接口，如图 1-21 和图 1-22 所示。

根据主板说明书，连接主板与机箱前面板的控制开关和工作状态指示灯的引线。

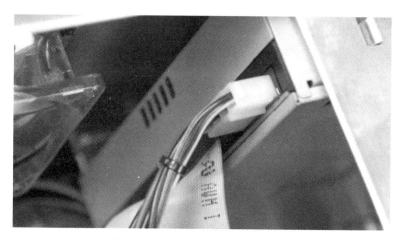

图 1-19　光驱数据线和电源线的连接

图 1-20　数据线另一头连接主板上的 IDE 接口

图 1-21　连接主板的供电接口

图 1-22　连接 CPU 的供电接口

▶ 9. 连接机箱外部设备

完成主机内部硬件设备的安装后，再根据主机背后的接口（如图 1-23 所示）完成主机与外部设备之间的连接，包括键盘、鼠标、显示器和音箱等。

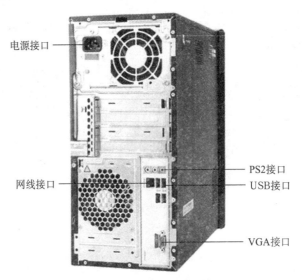

电源接口

网线接口

PS2接口

USB接口

VGA接口

图 1-23　主机背后的接口

▶ 10. 整理工作

计算机主机箱内部的空间并不宽敞，而且机箱内部线缆比较多，如果不进行整理，会显得非常杂乱，很不美观。加之计算机在正常工作时，主机内部各设备的发热量也非常大，如果机箱内没有一个宽敞的空间，并且线路杂乱，就会影响机箱内的空气流通，降低整体散热效果。还有，如果计算机主机箱中的各种线缆不进行整理，很有可能会卡住CPU 散热器、显卡等设备的风扇，影响其正常工作，甚至可能发生连线松脱、接触不良或信号紊乱等现象，从而导致出现各种故障。这就要求用户必须认真、仔细地检查各部分的连接情况，确保无误后，才能将计算机主机的机箱封盖拧螺钉。但为了便于最后开机测试出现问题时进行检查，此时不建议拧紧螺丝，应在测试完成并确认计算机能够正常工作后，再拧紧螺丝。

整理机箱内部线缆的工作，主要从以下几方面进行：

（1）整理线缆，用绑线固定在固定支架上；

（2）仔细检查各部位的电缆和连线是否连接牢靠，接触是否良好，接口方向是否正确；

（3）仔细检查是否有小螺丝等杂物掉在主板上和机箱内其他位置；

（4）使用万用表检查一下外部电源插座的电压是否为交流 220V；

（5）看看各个部位的螺丝是否固定牢靠。

▶ 11. 组装完成后的测试

完成以上步骤之后，就可以进行开机检测，以检验硬件连接是否存在问题。首先接通外部电源，按下主机开关，认真观察主机和显示器的反应。如果出现冒烟、发出焦臭味等异常情况应立即关机，防止硬件的进一步损坏；若一切正常，则可以整理机箱并合上机箱盖。

正常情况下，按下主机电源开关后，这时主机电源灯亮，CPU 开始工作。此时若听到"嘀"的一声，并且显示器上出现开机自检界面，如图 1-24 所示，表示计算机硬件组装成功。

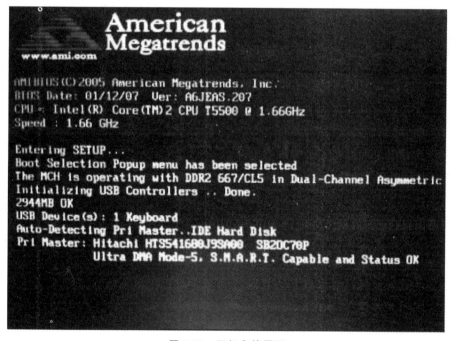

图 1-24 开机自检界面

如果按下电源开关，计算机没有任何反应，就要根据实际情况仔细检查各部位是否连接牢靠，接触是否良好，然后有针对性地进行排错，最后重新进行测试，直到正常启动。具体检查步骤如下：

（1）检查主板上的各个跳线是否设置正确；

（2）检查各个硬件设备，如 CPU、显卡、内存条、硬盘等是否安装牢固；

（3）检查机箱中的连线是否搭在散热器的风扇上，影响正常散热；

（4）检查机箱内有无其他杂物落入；

（5）检查外部设备是否连接正常，如显示器、音箱等；

（6）检查数据线、电源线是否连接正确。

操作技巧

（1）进行计算机硬件组装时，要防止人体所带静电对电子器件造成损伤。在安装前，应先消除身上的静电，例如，用手摸一摸自来水管等接地设备，或者用自来水洗一下手；如果有条件，可以戴上防静电手环。

（2）对各个硬件要轻拿轻放，不要碰撞，尤其是硬盘。

（3）现在的主板的风扇电源插头、内存插槽和主机内部的接口设计均比较人性化，它们全部采用防呆式设计，如果连接电缆时不慎将方向搞反了，该线缆是无法插入对应接口的。

拓展训练

假如某客户需要配置一台新的计算机，请你根据客户需求，在市场和网络上考察各硬件的配置和价格，购齐各配件后完成计算机的组装。

学习评价

自主评价	通过本任务学会的技能： _____
	完成任务的过程中遇到的问题： _____
教师评价	教师评语： _____

任务 2 指法训练

任务描述

打字是一种技能，是经过眼、脑、手的配合来逐渐形成的条件反射。要减少在打字中出现的各种各样的打字差错，一定要做到打字"三准"。要不断提高打字质量，不但要多打，还要多校多析。本任务通过指法训练，让学生学会键盘的基本使用方法，学习正确的击键方法，熟记各键的位置及常用键、组合键的使用方法。

任务实施

▶ 1. 正确的击键方法

想快速打字，首先要有一个正确的操作姿势。初学者在操作键盘时，如果不注意姿势和指法，久而久之，就会养成一种不好的习惯，这种习惯直接影响着操作速度与录入的准确性。

打字时，先将手指拱起，轻轻地按在各手指相关的基准键上。所谓基准键，就是在击键之前，双手要摆放在键盘的一个固定键上，击键后，手指仍要快速回复到基准键上。

在字符键区，F 和 J 两个按键的键面上各有一个小突起。伸出双手，手型保持自然弯曲，用最灵活的两个食指，感受 F 和 J 按键上的小突起，然后将食指的指尖轻轻放在上面，中指、无名指和小指依次自然平放在键盘水平相邻的按键上，而两个大拇指自然地就搭放在空格键上。即将左手小指、无名指、中指和食指分别轻轻放置在 ASDF 键上，右手食指、中指、无名指和小指分别放置在 JKL；键上，拇指轻置空格键上，如图 1-25 所示。

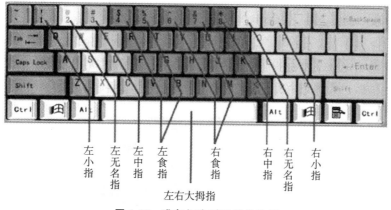

左小指　左无名指　左中指　左食指　右食指　右中指　右无名指　右小指

左右大拇指

图 1-25　准备打字时手指的位置

正确的压键方法如下。

（1）掌握动作的准确性，击键力度要适中，节奏要均匀，普通计算机键盘的三排字母键处于同一平面上，因此，在进行键盘操作时，主要的用力部分是指关节，而不是手腕，这是初学时的基本要求。待练习熟练后，随着手指敏感度增加，再扩展到与手腕相结合。

指尖垂直向键盘使用冲力，要在瞬间发力，并立即反弹。不可用手指去压键，以免影响击键速度，而且压键会造成一下输入多个相同字符的情况。这是学习打字的关键，必须花点时间去体会和掌握。在击空格键时也一样，要瞬间发力，之后立即反弹。

（2）各手指必须严格遵守手指指法的规定，分工明确，各守岗位。任何不按指法要领的操作都会造成指法混乱，严重影响速度和正确率的提高。

（3）一开始就要严格要求自己，否则一旦养成错误的打字习惯，以后再想纠正会很困难。开始训练时可能会有一些手指如无名指、小指等不好控制，有点别扭，只要坚持几天慢慢习惯了，后面就可以取得比较好的效果。

（4）每一手指上下两排的击键任务完成后，一定要习惯性地回到基准键的位置。这样，再击其他键时，平均移动的距离比较短，因此有利于提高击键速度。

（5）手指寻找键位，必须依靠手指和手腕的灵活运动，不能依靠整个手臂的运动。

（6）击键不要过重，过重不光对键盘寿命有影响，而且易疲劳。另外，幅度较大的击键，恢复到基准键位置也需要较长时间，也会影响输入速度。当然，击键也不能太轻，太轻了会导致击键不到位，打不出字反而会使差错率升高。

（7）操作姿势要正确。操作者在计算机前要坐正，不要弯腰低头，也不要把手腕、手臂依托在键盘上，否则不但影响美观，更会影响速度。另外，手臂的高低要适度，以手臂与键盘盘面相平为宜，座位过低或过高都不好操作。

（8）熟练掌握字母键的击键方法后，就可以进行主键盘上的数字训练。击打主键盘上的数字，由于中间隔了一排，手指移动的距离相对较大，击键的准确度就会大打折扣。字母键的位置熟练掌握之后，手指会比较稳、准，再做数字键训练难度就相对小了。

（9）小数字键盘的训练也是有必要的，特别是对于经常从事同数字打交道的工作（如财务、金融、统计）来说尤其如此。因为小键盘范围小，一只手就可以操作，另一只手可以解放出来翻看原始单据，如果仅仅输入数字的话，在输入速度上要比用主键盘的数字键快很多。

▶ 2. 正确的打字姿势

正确的打字姿势是：上臂和肘靠近身体，下臂和腕略向上倾斜，与键盘保持相同的倾斜角度；手指微曲，轻轻放在各手指相关的基准键位上，座位的高低应便于手指操作，并能够双脚踏地以保持身体的稳定。为使身体得以平衡，坐时应使身体躯干略微挺直，如图 1-26 所示。

图 1-26　正确的打字姿势

▶ 3. 手指位置分配

键盘一般分为 4 个区域——功能区域、主键盘区、编辑键区和小键盘区。除此之外，还有 3 个状态指示灯。有效率的打字方法需要十指齐用，其中拇指只负责按空格键，其他八个手指则通常按照如图 1-27 所示分配键位。

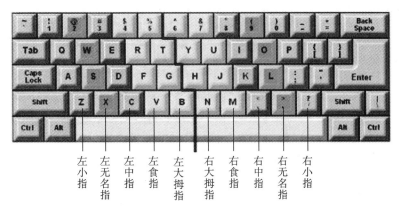

图 1-27　键盘主要输入区的指位分配

可以看出，负责键位最多的是右手小指，其次是左手小指。由于小指是手指里运用最不灵活的一指，因此在学习打字时务必要多下苦功才能克服这项困难。如果单以字母键来看的话，左右手食指负责的字母按键最多。

如果在工作上经常需要输入大量的数字资料，则熟练掌握小键盘区的使用可大大提高工作效率，小键盘区只用到右手的 4 只手指，其指位分配如图 1-28 所示。

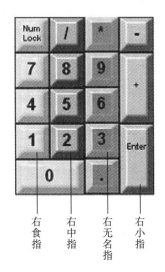

图 1-28　小键盘区的指位分配

▶ 4. 指法练习

金山打字通是一款优秀的打字软件，可以使用这款软件进行指法练习。

1）指法分区练习

键盘操作时，首先将手指自然地摆放在基准键位上。8 个基准键位如图 1-29 所示。

图 1-29　8 个基准键位

正确的手指分工如图 1-30 所示。每个手指除了指定的基准键外，按照就近原则还分工有其他键，称为范围键。打字时双手的十个手指都有明确的分工，只有按照正确的手指分工打字，才能实现盲打和提高打字速度。

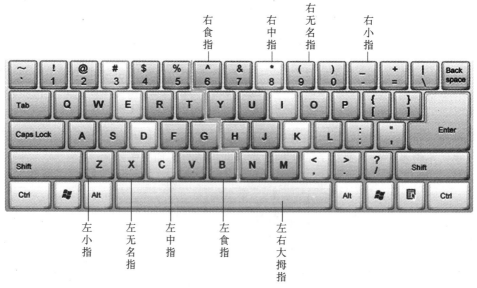

图 1-30　指法分工

2）指法练习技巧

左右手指依次摆放在基准键上，每次击完键后迅速返回原位。食指击键时注意键位角度，小拇指键击力量保持均匀，数字键采用跳跃式击键。基准键的练习方法：如果要按 D 键，则提起左手约离键盘两厘米，左手中指快速向下弹击 D 键，其他手指同时稍向上弹开，击键要能听见响声。非基准键的练习方法：如果要按 E 键，则提起左手约离键盘两厘米，整个左手稍向前移，同时用中指向下弹击 E 键，同一时间其他手指稍向上弹开。击键后四个手指迅速回位，注意右手不要动。

3）音节练习、词汇练习、文章练习

金山打字通能让使用者在难度由浅入深的练习中循序渐进地提高。在英文打字的键位练习中，可以选择键位练习课程，分键位进行练习；而且软件中增加了手指图形，不但能提示每个字母在键盘的位置，还可以提示练习者用哪个手指来敲击当前需要键入的字符。

拼音打字从音节练习入手，可以通过对方言、模糊音、普通话异读词的练习，纠正用户在拼音输入中遇到的错误。

在金山打字通软件中选择"拼音打字"练习项目，如图1-31所示，可分别进行拼音输入法练习、音节练习、词组练习和文章练习，如图1-32所示。

图1-31 选择"拼音打字"

图1-32 "拼音打字"中的练习项目

4）音节练习

音节练习包括声母，韵母，整体认读音节，汉语一级1、2、3、4，连音词，儿化音，轻声及双音节练习，如图1-33所示。

图1-33 音节练习

5）词组练习

词组练习时，用户可选择二字词、三字词、四字词及多字词进行练习，如图1-34所示。

图1-34 词组练习

6）义章练习

文章练习中提供了多篇适合拼音打字的文章，用户可选择其中的文章进行练习，如图1-35所示。

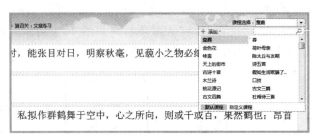

图 1-35　文章练习

操作技巧

　　键盘是计算机一个必不可缺的输入工具。利用键盘不但可以输入文字，还可以进行窗口菜单的各项操作。在进行键盘的操作之前，首先要熟悉键盘的结构和常用功能键。

▶ 1. Esc 键

Esc 是 Escape 的简写，该键可用来关闭对话窗口或停止目前正在使用的功能等。

▶ 2. 数字列

用来输入数字及一些特殊符号。

▶ 3. 标准功能键

标准功能键提供给应用程序定义各种功能的快速指令，其中 F1 的功能已经标准化，即显示说明文件。

▶ 4. BackSpace 键

在进行文字输入时，按下 BackSpace 键会删除所输入的最后一个字，并将文字游标后退一格。

▶ 5. 扩充功能键

扩充功能键属于非标准的功能键，一般应用程序很少使用。

▶ 6. NumLock 键

小键盘区左上角的 NumLock 键可开启或关闭 NumLock 指示灯。NumLock 指示灯亮起时，表示小键盘区的数字按键可用来输入数字；该指示灯若是熄灭，则小键盘区的按键无法使用。

▶ 7. CapsLock 键

字母大小写转换键，键盘右上方有对应的大小写指示灯，绿灯亮为大写字母输入模式，反之为小写字母输入模式。

▶ 8. 小键盘区

本区域可以用来输入数字及加减乘除符号。本区域专为从事数字相关工作的人而设计。

▶ 9. 编辑键区

编辑键区包含方向键等文书编辑专用键。

▶ 10. Enter 键

在进行文字编辑时，按下 Enter 键可以强迫进行断行。

▶ 11. Ctrl 键

Ctrl 键的主要用途是让应用程序定义快捷键，如 Ctrl＋C 代表复制、Ctrl＋V 代表粘贴等。

▶ 12. Shift 键

上档切换，用于输入大写字母或键帽上面一行的字符。

▶ 13. Alt 键

Alt 键又名交替换档键、更改键、替换键，大多数情况下与其他键组合使用。例如，Alt＋Enter 可以显示选中项目的属性，Alt＋F4 可以关闭当前活动项目或退出活动程序。

▶ 14. Tab 键

Tab 键，又叫制表键，它的最原始用处是用于绘制表格，准确地讲，是用来绘制没有线条的表格——因为早期的电脑不像现在的图形界面可以用鼠标来绘制，通常都是用键盘控制字符的对齐，为了使各个列都可以很方便地对齐，制表时就需要频繁地使用到这个键，这也是它的名称的由来。现在我们已经不大使用制表键来制表了，在 Windows 中，Tab 键被赋予了全新的功能，例如，Shift＋Tab 组合键可以使焦点移至上一选项或选项组，Ctrl＋Tab 组合键或 Ctrl＋Shift＋Tab 组合键可以选择下一个或者前一个工具栏。

拓展训练

对《荷塘月色》这篇文章进行拼音打字练习。

《荷塘月色》(节选)

沿着荷塘，是一条曲折的小煤屑路。这是一条幽僻的路；白天也少人走，夜晚更加寂寞。荷塘四面，长着许多树，蓊蓊郁郁的。路的一旁，是些杨柳，和一些不知道名字的树。没有月光的晚上，这路上阴森森的，有些怕人。今晚却很好，虽然月光也还是淡淡的。

路上只我一个人，背着手踱着。这一片天地好像是我的；我也像超出了平常的自己，到了另一个世界里。我爱热闹，也爱冷静；爱群居，也爱独处。像今晚上，一个人在这苍茫的月下，什么都可以想，什么都可以不想，便觉是个自由的人。白天里一定要做的事，一定要说的话，现在都可不理。这是独处的妙处，我且受用这无边的荷香月色好了。

曲曲折折的荷塘上面，弥望的是田田的叶子。叶子出水很高，像亭亭的舞女的裙。层层的叶子中间，零星地点缀着些白花，有袅娜地开着的，有羞涩地打着朵儿的；正如一粒粒的明珠，又如碧天里的星星，又如刚出浴的美人。微风过处，送来缕缕清香，仿佛远处高楼上渺茫的歌声似的。这时候叶子与花也有一丝的颤动，像闪电般，霎时传过荷塘的那边去了。叶子本是肩并肩密密地挨着，这便宛然有了一道凝碧的波痕。叶子底下是脉脉的流水，遮住了，不能见一些颜色；而叶子却更见风致了。

　　月光如流水一般，静静地泻在这一片叶子和花上。薄薄的青雾浮起在荷塘里。叶子和花仿佛在牛乳中洗过一样；又像笼着轻纱的梦。虽然是满月，天上却有一层淡淡的云，所以不能朗照；但我以为这恰是到了好处——酣眠固不可少，小睡也别有风味的。月光是隔了树照过来的，高处丛生的灌木，落下参差的斑驳的黑影，峭楞楞如鬼一般；弯弯的杨柳的稀疏的倩影，却又像是画在荷叶上。塘中的月色并不均匀；但光与影有着和谐的旋律，如梵婀玲上奏着的名曲。

　　荷塘的四面，远远近近，高高低低都是树，而杨柳最多。这些树将一片荷塘重重围住；只在小路一旁，漏着几段空隙，像是特为月光留下的。树色一例是阴阴的，乍看像一团烟雾；但杨柳的丰姿，便在烟雾里也辨得出。树梢上隐隐约约的是一带远山，只有些大意罢了。树缝里也漏着一两点路灯光，没精打采的，是渴睡人的眼。这时候最热闹的，要数树上的蝉声与水里的蛙声；但热闹是它们的，我什么也没有。

学习评价

自主评价	通过本任务学会的技能：_____ 完成任务的过程中遇到的问题：_____ _____
教师评价	教师评语：_____ _____ _____

Windows 7操作系统的使用

任务 1　Windows 7 操作系统的安装与维护

任务描述

Windows 7 是微软公司推出的客户端操作系统，相对于以前版本的 Windows 操作系统，Windows 7 操作系统更加灵活、方便、稳定，因此得到了普及。本任务主要介绍如何使用虚拟光驱安装正版的 Windows 7 系统，并使用维护工具进行系统维护。

任务实施

Windows 7 操作系统的安装可以分为在已有 Windows 系统上安装和在没有安装系统的裸机上安装两种。在裸机上可以使用 U 盘或者光盘安装，如果在已经安装了 Windows 系统的计算机上再进行 Windows 7 操作系统的安装是十分方便的，可以首先将 Windows 7 的镜像文件复制到硬盘上，然后运行虚拟光驱软件。

▶ 1. 安装 Windows 7 操作系统

（1）将下载好的 Windows 7 镜像文件用虚拟光驱载入，如果计算机开启了自动播放功能就会弹出如图 2-1 所示的安装界面。如果没有进行自动播放，可进入虚拟光驱，双击 Setup.exe 程序，也可以进入该界面。

图 2-1　Windows 7 安装界面

（2）单击"现在安装"按钮开始安装，出现如图 2-2 所示窗口。

（3）选择第二个选项"不获取最新安装更新"，会出现如图 2-3 所示窗口，可以在安装完成后在控制面板中设置重新启用更新。

（4）选择"我接受许可条款"后，单击"下一步"按钮，出现选择安装类型窗口，单击

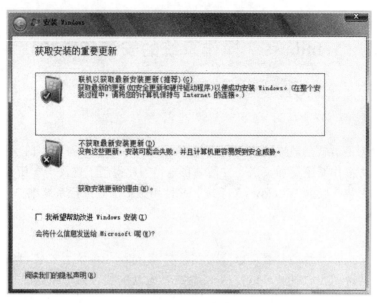

图 2-2　开始安装

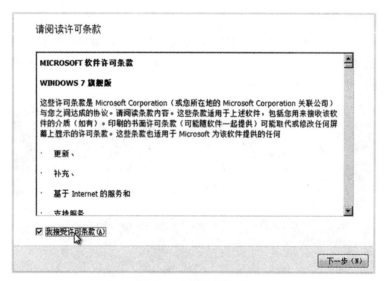

图 2-3　软件许可条款

"升级"按钮，然后按照屏幕提示即可完成 Windows 7 操作系统的安装。

▶ 2. Windows 7 操作系统的维护

Windows 7 操作系统自带了几款好用的系统维护工具，如磁盘碎片整理工具、磁盘检查与修复工具和系统还原工具等。

1）整理磁盘中的碎片

右键单击硬盘中的任意一个盘符，在弹出的快捷菜单中选择"属性"，在打开的"属性"对话框中选择"工具"选项卡，单击"立即进行碎片整理"按钮，如图 2-4 所示。

为了确定磁盘是否需要立即进行碎片整理，需要首先分析磁盘。注意，在整理磁盘碎片期间最好不要运行其他程序。整理完成后，单击"关闭"按钮，也可以在对话框中设置让系统自动整理磁盘。

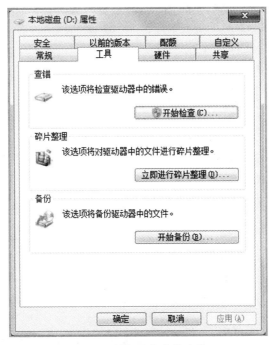

图 2-4　整理磁盘中的碎片

2）系统还原工具

系统出现问题，首先想到的就是还原系统。使用 Windows 7 操作系统自带的系统还原功能可以将系统快捷还原到先前的某个状态（创建还原点时的状态）。这种还原不会影响用户创建的个人文件，多用于出现安装程序错误、系统设置错误等情况，将系统还原到之前可以正常使用的状态。

通常，Windows 7 操作系统会每周自动创建还原点，当系统检测到计算机发生更改时（如安装程序或驱动程序），也将自动创建还原点。我们也可以在计算机正常运行时手动创建还原点，以便在计算机出现问题时将其还原到创建还原点时的状态。

右键单击桌面上的“计算机”图标，在弹出的快捷菜单中选择“属性”选项，打开“查看有关计算机的基本信息”窗口，如图 2-5 所示。

单击“系统保护”，打开“系统属性”对话框，如图 2-6 所示。

在“系统保护”选项卡中，单击“创建”按钮，创建还原点。再返回图 2-5 所示查看有关计算机的基本信息窗口单击“操作中心”窗口，如图 2-7 所示，单击“恢复”选项。单击“打开系统还原”按钮，确定还原点。在列表中选择创建的还原点，单击“完成”按钮。选择“是”按钮重新启动系统，并开始进行还原操作。

3）清除病毒和间谍软件

如果连接互联网后电脑运行变得缓慢，那么可能是因为安装了广告软件或者间谍软件。间谍软件和广告软件程序可能会在后台使用互联网下载并上传信息，而这些信息可能是敏感的或不必要的广告，可以使用防病毒或防间谍安全软件对病毒和间谍软件进行扫描，清除发现的所有病毒和间谍软件。

图 2-5 "查看有关计算机的基本信息"窗口

图 2-6 "系统属性"对话框

图2-7 "操作中心"窗口

4）减少开机启动项

用户可以直接在"开始"菜单的"运行"命令输入栏中输入 msconfig，在弹出的"系统配置"窗口中切换到"启动"选项卡，如图 2-8 所示。禁用掉那些不需要开机时启动的项目就行，一般我们只运行一个输入法程序和杀毒软件就行了。

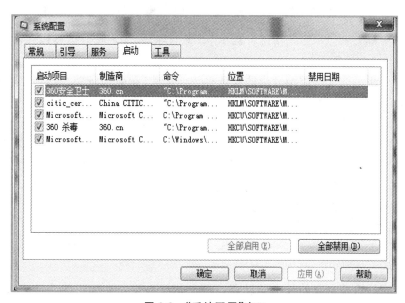

图2-8 "系统配置"窗口

5）删除临时文件和目录

删除临时文件将释放硬盘空间，同时降低 Windows 操作系统访问硬盘所花费的时间，另外还能解决与后台打印任务有关的问题。Windows 操作系统使用 TEMP 文件夹暂时存储那些临时使用的文件。随着时间的推移，这些文件会增多并导致其他问题。要删除这些文件，请执行下列各步骤。

（1）关闭所有打开的软件程序。

（2）依次单击"开始"菜单→"所有程序"→"附件"→"系统工具"和"磁盘清理"命令，如图 2-9 所示。选择想要清理的驱动器，然后单击"确定"，如图 2-10 所示。

图 2-9   选择"磁盘清理"   图 2-10   "磁盘清理：驱动器选择"对话框

（3）此时屏幕上会显示一条信息，提示"磁盘清理"程序正在计算可以在所选分区上释放多少空间。

（4）选中要删除的文件类型旁边的复选标记，以便"磁盘清理"程序进行文件清理，如图 2-11 所示。

（5）注意，选中某些选项会导致不良后果。例如，选中 Hibernation File Cleaner 选项会阻止电脑进入休眠模式。选中"启动日志文件"，将会删除在线电话支持人员用于解决安装问题的文件。所以，一定在确认该文件的删除对电脑使用并无大碍后方可删除。

（6）单击 OK 按钮和"删除文件"按钮完成操作。

6）检查硬盘驱动器错误

（1）在 Windows 7 操作系统中在进行硬盘驱动器的完整性检查之前，要先关闭所有打开的软件程序。

（2）首先选择希望检查的硬盘驱动器，单击鼠标右键，在弹出的快捷菜单中选择"属性"命令。

（3）在打开的"属性"对话框中选择"工具"选项卡，在"查错"区域中单击"开始检查"按钮，如图 2-12 所示。

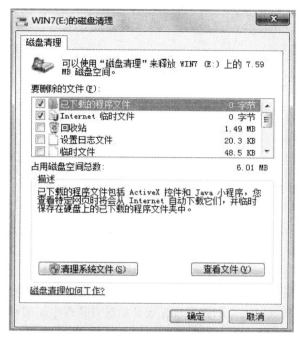

图 2-11　选择要清理的文件

图 2-12　"工具"选项卡

（4）在打开的"检查磁盘"对话框中，根据需要勾选"自动修复文件系统错误"和"扫描并试图恢复坏扇区"旁边的复选框，如图 2-13 所示，单击"开始"按钮。

（5）如果计算机提示"Windows 无法检查正在使用中的磁盘"，则单击"计划磁盘检查"

按钮，如图 2-14 所示，按照屏幕上的说明重新启动计算机。

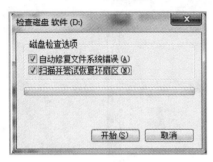

图 2-13 "检查磁盘"对话框   图 2-14 "无法检查正在使用中的磁盘"提示

操作技巧

▶ 1. Windows 7 操作系统在安装时遇到的问题及解决办法

问题 1：屏幕出现"Please wait…"提示信息，并且等待许久不见动静。

解决方法：这是 Windows 7 操作系统安装开始时安装程序加载时的提示语。如果卡在这个地方无法进行下去，请检查电脑硬件是否正常工作。但是如果电脑本身配置较低，可能要多等一下。

问题 2：屏幕出现"Setup is copying temporary files…"提示信息。

解决方法：这是安装 Windows 7 操作系统正在复制临时文件，一般说来需要一些时间，请耐心等待，只要确认自己的电脑硬件没有问题就行。

问题 3：屏幕出现"You must be an administrator to install Windows"提示信息。

解决方法：出现这样的提示说明此时没有以电脑管理员账号进行操作，权限不够，所以无法安装 Windows 7 操作系统，需要重新启动之后以管理员账号登录再安装即可。

问题 4：屏幕出现"This version of Windows is for a 32-bit machine and cannot run on the current 64-bit operating system"提示信息。

解决方法：该问题是由于用户在 64 位机器上安装 32 位 Windows 7 操作系统引起的。如果使用的是 32 位机器，下载 IOS 文件的时候一定要看清楚下载对应的 32 位安装文件，以免不能正确安装。

▶ 2. Windows 7 操作系统还原出错的原因

1）光驱本身问题

如果使用光盘无法成功还原，Windows 7 操作系统用户就要考虑是否因为光驱出现故障，最终导致发生了故障。如果是因为光驱问题，直接卸载并且下载最新光驱驱动程序，然后启动还原即可。

2）硬盘存在坏道

当硬盘存在坏道时，进行系统还原时就没有办法把还原进行到底，一般是由于 Windows 7 操作系统用户误操作引发的这种故障。只要硬盘坏道不是很多，直接启动修复程序就可以解决。如果硬盘坏道过多，那么就只能选择更换硬盘。

拓展训练

试着在自己的电脑上重新安装 Windows 7 操作系统，并进行系统维护。

学习评价

自主评价	通过本任务学会的技能：
	完成任务的过程中遇到的问题：
教师评价	教师评语：

任务 2 文件和文件夹的管理

任务描述

电脑里总会有很多图片、文档或其他的文件，如果保存得杂乱，使用的时候会很不方便。如果能对电脑中的文件进行科学的管理，会让工作更轻松和高效。

任务实施

▶ 1. 创建文件和文件夹

创建文件和文件夹有以下三种方法。

（1）用户可利用文档编辑程序、图像处理程序等应用程序创建文件。

（2）直接在 Windows 7 操作系统中创建某种类型的空白文件或创建文件夹来分类管理文件。

（3）在要创建文件或文件夹的窗口中单击"新建文件夹"按钮，输入文件夹名称，可以创建文件夹。在文件夹上双击鼠标左键即可进入文件夹，之后单击鼠标右键，在弹出的快捷菜单中有可以新建文件的选项。

▶ 2. 选择文件或文件夹

（1）选择单个文件或文件夹，可直接单击该文件或文件夹。

（2）选择当前窗口中的所有文件或文件夹，可单击窗口工具栏中的"组织"按钮，在展开的列表中选择"全选"选项或直接按 Ctrl＋A 组合键。

（3）选择一组连续排列的文件或文件夹，单击该组中的第一个文件或文件夹后，按住 Shift 键将鼠标指针移动到该组最后一个文件或文件夹单击即可选中一组连续排列的文件或文件夹。单击窗口任意空白处可取消选中该组文件或文件夹。

（4）选择一组非连续排列的文件或文件夹，可在按住 Ctrl 键的同时，单击每个需要选定的文件或文件夹的图标，即可选中一组非连续排列的文件或文件夹。单击窗口任意空白处可取消选中该组文件或文件夹。

▶ 3. 重命名文件或文件夹

重命名文件或文件夹有以下四种方法。

（1）选择需要重新命名的文件或文件夹，右键单击，在弹出的快捷菜单中选择"重命名"命令，则其文件名变为可编辑状态，此时输入新的名称，按 Enter 键确认或单击任意空白处完成重命名操作。

（2）选择需要重新命名的文件或文件夹，执行该窗口中菜单栏"文件"→"重命名"命令，也可修改文件或文件夹的名字。

（3）将光标放到要重命名的文件或文件夹的名字所在处，单击鼠标左键即可完成重命名操作。

（4）选择需要重命名的文件或文件夹，按 F2 键也可修改文件或文件夹的名字。

▶ 4. 复制文件或文件夹

复制文件或文件夹有两种方法。

（1）使用快捷菜单。选中文件或文件夹，单击鼠标右键，在弹出的快捷菜单中选择"复制"命令，进入要存放所复制文件或文件夹的目的文件夹，单击鼠标右键，在弹出的快捷菜单中选择"粘贴"命令，将文件与文件夹进行复制。

（2）使用组合键。选中文件或文件夹，然后按 Ctrl＋C 组合键，实现对文件或文件夹的复制操作。进入要存放所复制文件或文件夹的目的文件夹，按 Ctrl＋V 组合键实现粘贴操作，完成文件与文件夹复制操作。

▶ 5. 移动文件或文件夹

移动文件或文件夹有两种方法。

（1）使用快捷菜单。选中文件或文件夹，单击鼠标右键，在弹出的快捷菜单中选择"剪切"命令，进入要存放所剪切文件或文件夹的目的文件夹，单击鼠标右键，在弹出的快捷菜单中选择"粘贴"命令，即可完成文件与文件夹的移动。

（2）使用快捷键。选中文件或文件夹，然后按 Ctrl＋X 组合键，实现对文件或文件夹的剪切操作。进入要存放所剪切文件或文件夹的目的文件夹，按 Ctrl＋V 组合键实现粘贴命令，完成文件与文件夹剪切操作。

▶ 6. 删除文件或文件夹

删除文件或文件夹有两种方法。

（1）使用快捷菜单。选中需要删除的文件或文件夹，单击鼠标右键，在弹出的快捷菜单中选择"删除"命令，即可删除文件或文件夹，将其放置到桌面上的"回收站"里。

（2）使用键盘。选中需要删除的文件或文件夹，按键盘上的 Delete 键，将文件或文件夹删除，被删的文件或文件夹会出现在桌面上的"回收站"里。

▶ 7. 搜索文件或文件夹

搜索文件或文件夹有三种方法。

（1）打开资源管理器窗口，用户可在窗口右上角看到"搜索计算机"编辑框，如图 2-15 所示，在其中输入要查找的文件类型或名称，则在所有磁盘中搜索名称中包含所输入文本的文件或文件夹，此时系统自动开始搜索，等待一段时间即可显示搜索的结果。

（2）在桌面显示状态下，直接按键盘上的 F3 键，打开如图 2-16 所示的搜索窗口，输入要搜索的相关的内容即可。

（3）在"开始"菜单进行快捷搜索。"开始"菜单设计了一个搜索框，可用来查找存储在计算机上的文件资源。在搜索框中键入关键词(例如 qq)后，可自动开始搜索，搜索结果会即时显示在搜索框上方的"开始"菜单中，并会按照项目种类进行分类显示，如图 2-17 所示。

▶ 8. 隐藏文件或文件夹

Windows 7 操作系统为文件或文件夹提供了两种属性："只读"和"隐藏"。只读，即用户只能对文件或文件夹的内容进行查看而不能修改；隐藏，即在默认设置下，设置为隐藏属性的文件或文件夹将不可见，从而在一定程度上保护了文件资源的安全。

图 2-15   搜索文件或文件夹

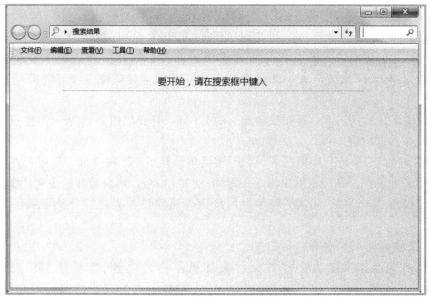

图 2-16   搜索窗口

图 2-17 在"开始"菜单进行快捷搜索

选中要隐藏的文件或文件夹，单击鼠标右键，在弹出的快捷菜单中单击"属性"命令，选择"隐藏"即可完成该操作，如图 2-18 所示。

图 2-18 隐藏文件或文件夹

▶ 9. 查看隐藏文件或文件夹

文件或文件夹被隐藏后，如果想再次访问它们，则可以在 Windows 7 操作系统中开启查看隐藏文件功能。打开"资源管理器"窗口，单击"组织"按钮，在展开的列表中选择"文件夹和搜索选项"命令，打开"文件夹选项"对话框"查看"选项卡，在"高级设置"列表框向下拖动滚动条，选中"显示隐藏的文件、文件夹和驱动器"单选按钮，然后单击"确定"按钮，如图 2-19 所示。

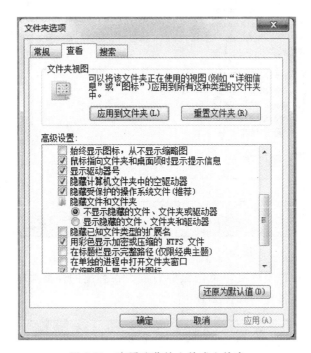

图 2-19　查看隐藏的文件或文件夹

▶ 10. 使用"库"进行文件管理

Windows 7 操作系统中引进了"库"，使得文件管理更加方便。简单地讲，"库"可以将我们需要的文件和文件夹集中到一起，就如同网页收藏夹一样，只要单击库中的链接，就能快速打开添加到库中的文件夹，而不管它们原来深藏在计算机中的任何位置。另外，它们都会随着原始文件夹的变化而自动更新，并且可以以同名的形式存在于文件库中。

打开任意一个文件夹，都可以在导航栏里观察到"库"，默认情况下，已经包含了视频、图片、文档、音乐等常用项目。添加新的文件夹到库中，可以直接右键单击"库"，在弹出菜单中选择"新建"→"库"即可。例如，将新建的库重命名为"计算机应用基础上机指导"，如图 2-20 所示。然后右键单击"计算机应用基础上机指导"选择"属性"，打开"计算机应用基础上机指导 属性"对话框，单击"包含文件夹"按钮，再将本地电脑中的文件夹添加进来即可，如图 2-21 所示。

图 2-20　使用库管理文件和文件夹

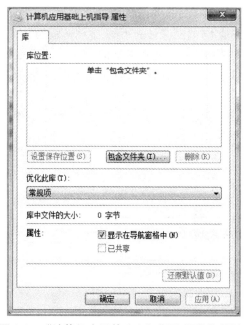

图 2-21　"计算机应用基础上机指导 属性"对话框

操 作 技 巧

（1）建立文件或文件夹时，应该取一个适当的名称，名称应该做到"见名知义"，能直接反映文件中保存的内容。建立文件夹后可以将文件分类存放在文件夹中。注意，文件不要保存在 C 盘，因为 C 盘一般用于存放系统软件。

（2）重命名文件或文件夹时需要注意，重命名的文件不能是打开状态，重命名的文件夹中也不能有打开的文件。

（3）在对文件或文件夹改名时，不能随便更改文件的扩展名。

（4）选择文件或文件夹的快捷键：按 Ctrl＋A 组合键全选、按 Shift 键可选择连续文件、按 Ctrl 键可选择不连续的文件。

（5）复制文件或文件夹的快捷键：Ctrl＋C。

（6）剪切文件或文件夹的快捷键：Ctrl＋X。

（7）删除文件或文件夹的快捷键：按 Delete 键可将文件或文件夹删除到回收站；按 Shift＋Delete 组合键则可彻底删除文件使其无法恢复。

（8）当忘记文件保存位置时，可以使用操作系统提供的搜索工具进行查找。

拓 展 训 练

（1）在 D 盘根目录下（即 D：\）下新建名为"Win 7 文件基本操作"文件夹。

（2）在"Win 7 文件基本操作"文件夹下，新建 Word 文档，并将其命名为"×××简历"（×××为自己的姓名）。

（3）打开 Word 文档"×××简历"，并录入自己的个人简历，要求 100 字左右。

（4）将"×××简历"文档复制到桌面上的"接收文件柜"文件夹中。

（5）将"Win 7 文件基本操作"文件夹复制到 C 盘根目录。

（6）将"C：\ Win 7 文件基本操作"文件夹下的"×××简历"文件重命名为"个人简历"。

（7）将"C：\ Win 7 文件基本操作"文件夹下的"个人简历"的文件属性设置为"隐藏"。

（8）再恢复"C：\ Win 7 文件基本操作"文件夹下的"个人简历"文档属性为可见。

（9）删除"C：\ Win 7 文件基本操作"文件夹下的"个人简历"文档。

（10）从回收站中恢复刚删除的"C：\ Win 7 文件基本操作"文件夹下的"个人简历"文档。

学 习 评 价

自主评价	通过本任务学会的技能：
	完成任务的过程中遇到的问题：
教师评价	教师评语：

任务 3 常用工具软件的安装与使用

任务描述

常用的工具软件是指那些被用来辅助办公或者对电脑进行管理和维护的常用软件。根据软件的授权方式，一般 Internet 上提供下载的工具软件主要有商业版、试用版、共享版、免费版、破解版和自由版。本任务主要介绍一些常用工具软件的安装和使用。

安装工具软件之前，首先要进行软件的下载，可以进入专业的下载软件网站进行下载，如太平洋电脑网、天空软件站等。也可以使用搜索引擎下载软件，如百度搜索引擎，直接输入软件下载网站的网址或输入想要下载的软件名称，搜索引擎可按照用户下载次数、好评率等相关信息列举出相关软件，用户只需要点击相关的超链接，即可进入相关网站下载软件。下载时可自动调整使用下载工具进行下载。

软件下载到硬盘后，找到并运行其安装程序（一般安装程序的扩展名为 .exe，多为 Setup.exe），然后根据安装向导的提示一步一步地安装即可。

任务实施

▶ 1. 压缩/解压缩软件

在 Internet 上下载的许多文件都是经过压缩的，需要解压缩后才可使用，这时就需要使用专门的压缩/解压缩软件。压缩/解压缩软件也有很多种，但使用方法是相通的，这里主要介绍 WinRAR 软件的使用方法。

1）压缩文件

一个较大的文件经压缩后，产生了另一个较小容量的文件，这个较小容量的文件，我们就叫它是这些较大容量文件（可能一个或一个以上的文件或文件夹）的压缩文件。压缩此文件的过程称为文件压缩。使用压缩/解压缩软件进行文件压缩的操作步骤如下。

（1）先选定需要压缩的一个或多个文件、文件夹。

（2）在选中的文件上单击鼠标右键，在弹出的如图 2-22 所示的快捷菜单中选择"添加到压缩文件"命令。

（3）选择"添加到压缩文件"选项后，即可打开如图 2-23 所示的"压缩文件名和参数"对话框。在"常规"选项卡中，可以通过单击"浏览"按钮指定压缩文件的路径与名称，还可以根据需要设置压缩文件格式与压缩选项。

（4）如果想要给压缩的文件设置密码，可以在"常规"选项卡中单击"设置密码"按钮，打开"输入密码"对话框，如图 2-24 所示。输入密码和确认密码，单击"确定"按钮即可完成对压缩文件的加密处理。

（5）返回到"压缩文件名和参数"对话框，单击"确定"按钮，即可进行压缩。压缩完成后，用户可以在自己指定的磁盘目录上找到压缩文件。

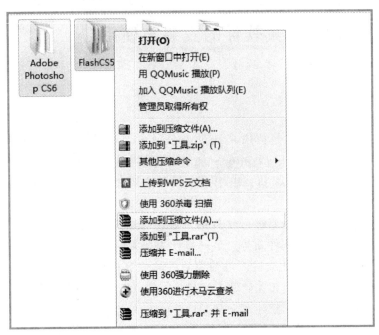

图 2-22　选中文件后的右键快捷菜单

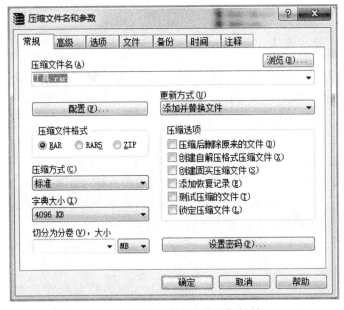

图 2-23　"压缩文件名和参数"对话框

2）解压缩文件

（1）选择要解压缩的文件。

（2）单击鼠标右键，在弹出的快捷菜单中选择"解压文件"命令，如图 2-25 所示。

（3）弹出如图 2-26 所示的"解压路径和选项"对话框，在其"常规"选项卡中设置解压缩文件的目标路径、更新方式以及覆盖方式等。

图 2-24　对压缩文件进行加密处理

图 2-25　选择"解压文件"命令

（4）如果压缩文件带有密码，解压过程中会弹出如图 2-27 所示的"输入密码"对话框。此时，只有输入正确的密码后，才会继续解压。

（5）解压完成后，用户可以到指定的磁盘中找到解压完成的文件。

▶ 2. ACDSee 软件

ACDSee 是一个专业的图形浏览软件，它的功能非常强大，几乎支持目前所有的图形文件格式，是目前最流行的图形浏览工具。

1）查看图片

双击一个图片文件，便可以启动 ACDsee 的媒体文件查看器。通过媒体文件浏览器的工具栏上面提供的"打开""浏览""缩小""放大""缩放""复制到""删除""属性"等命令，根据自己的要求对图片进行相关操作，如图 2-28 所示。

2）进入管理模式

在查看图片状态下，用户双击打开的图片文件，或者是单击媒体文件浏览器的工具栏

图 2-26 "解压路径和选项"对话框

图 2-27 解压缩"输入密码"对话框

上"浏览"命令，可切换到管理模式下。

双击桌面上的 ACDsee 图标，也会打开管理界面。

3）编辑图片

在编辑图片之前，建议用户先备份原图，下面对单个图片的编辑操作进行介绍。

（1）在 ACDSee 管理模式下单击工具栏上"编辑"命令，选中要编辑的图片，再单击编

图 2-28　用 ACDSee 媒体文件查看器查看图片

辑器按钮，打开如图 2-29 所示的"图像编辑器"。

图 2-29　ACDSee 图像编辑器

（2）用户可以根据自己的需要对图片进行编辑与处理。

4）批处理

（1）需要批量调整图片大小时，可在"编辑"模式下选中多个图片，单击工具栏中"调整大小"命令，打开如图 2-30 所示的"图像调整大小"对话框后，即可根据需要批量调整图片大小。

（2）需要批量转换图片格式时，可在"编辑"模式下选中多个图片，单击工具栏中"转换"命令，打开如图 2-31 所示的"图像格式转换"对话框，选择要转换的格式即可完成批量转换图片格式。

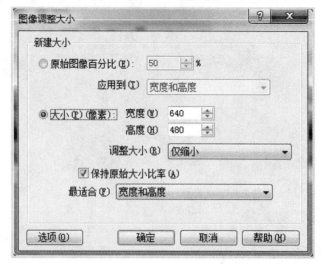

图 2-30 "图像调整大小"对话框

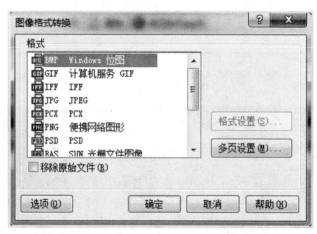

图 2-31 "图像格式转换"对话框

（3）需要批量重命名图片时，单击工具栏中"管理"命令，进入管理模式后，选择要进行重新命名的图片，单击"批量重命名"按钮，打开"批量重命名"对话框，根据用户需要进行重命名设置即可。

▶ 3. PDF 阅读软件

PDF 全称为 Portable Document Format，译为可移植文档格式，是由 Adobe 公司开发的独特的跨平台文件格式，同时也是该格式的扩展名。它可把文档的文本、格式、字体、颜色、分辨率、链接及图形图像、声音、动态影像等所有的信息封装在一个特殊的整合文件中。它在技术上起点高、功能全，功能大大地强过了现有的各种流行文本格式；又由大名鼎鼎、实力超群的 Adobe 公司极力推广，现在已经成为新一代电子文本的不可争议的行业标准。

要阅读 PDF 格式的文档，需要专门的阅读工具，如 Adobe Reader、福昕阅读器等。其中福昕阅读器完全免费，体积小、启动快速，对中文支持非常好，支持创建标准的

PDF 文件，所创建的文件可与其他 PDF 产品兼容。下面主要介绍一下福昕阅读器的使用方法。

（1）安装注意事项。在安装福昕阅读器的过程中，选择安装组件时，可以选择福昕阅读器生成器中的 Word 加载项、PPT 加载项和 Excel 加载项，如图 2-32 所示。这样用户就可以直接通过 Word、PowerPoint、Excel 创建 PDF 文件。

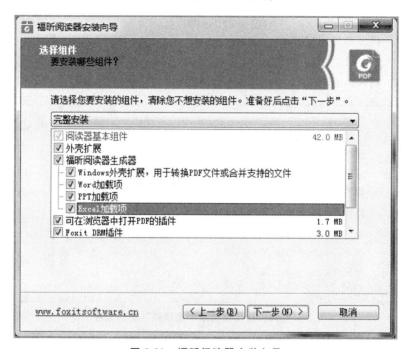

图 2-32　福昕阅读器安装向导

（2）通过 Office 创建 PDF 文件。打开 Office 文件，用户可以在 Office 工具栏中找到"福昕阅读器"选项。选择"福昕阅读器"选项，单击"创建 PDF"，即可将当前文件转换成 PDF 格式，如图 2-33 所示。

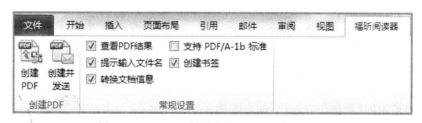

图 2-33　Office 工具栏中的"福昕阅读器"选项

（3）查看福昕阅读器的所有工具。用户可单击菜单下的不同选项来查看各个工具，如图 2-34 所示。将鼠标移至工具上方，阅读器将会提示该工具功能。例如，"主页"菜单下包括"工具""视图""注释""创建""保护""链接"和"插入"等选项组。可以选择使用手形工具、选择文本工具、选择注释工具和截图工具进行移动、选择等 PDF 文档操作；可以使用缩放工具对页面进行缩放；使用创建工具创建 PDF 文档；使用印章工具在 PDF 文件中插入印章。

图 2-34　福昕阅读器的所有工具

▶ 4. 下载软件

使用迅雷软件下载文件的方法如下。

（1）在百度搜索引擎中输入要下载的软件名称，搜索引擎会提供给用户该软件的下载排名，点击要下载的软件即可进入相关网站进行下载，如图 2-35 所示。

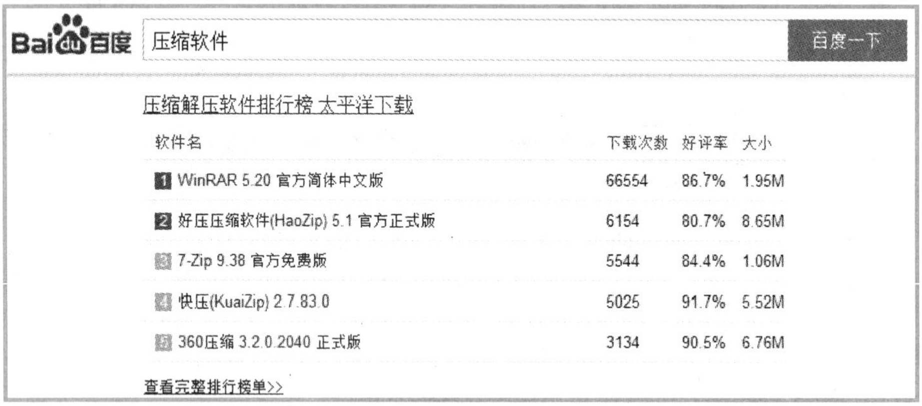

图 2-35　在百度搜索引擎中查找要下载的软件

（2）进入软件下载界面后，选择"专用下载"中的"迅雷下载"，如图 2-36 所示。

图 2-36　选择使用迅雷下载软件

（3）弹出迅雷的"新建任务"对话框，如图 2-37 所示。

图 2-37　"新建任务"对话框

（4）用户可以通过单击新建任务，重新添加下载软件的地址如图 2-38 所示。同样，也可以单击文件名称，对下载的文件名称重新命名；还可以通过单击"选择浏览文件夹"按钮更改文件下载目录。

图 2-38　设置迅雷下载参数

操作技巧

▶ 1. 解压缩软件使用注意事项

在解压文件时，选中要解压的文件，右键弹出快捷菜单后用户会发现有"解压到""解压到当前文件夹"和"解压到'压缩文件名'"三项。选择"解压到"命令后会弹出对话框，用户可以指定解压后的文件路径；"解压到当前文件夹"就是把压缩包里面的文件解压后放到压缩包所在的文件夹内；"解压到'压缩文件名'"就是把压缩包里面的文件解压后放到以"压缩文件名"命名的文件夹中。

▶ 2. 使用 ACDSee 软件批量对图片进行格式转换时的注意事项

当用户要在网络上传图片时往往会出现提示文件太大，这时在使用 ACDSee 格式转换时，可以按尺寸或像素调整，更重要的是，调整的时候可以看到图片预估大小。

拓展训练

（1）使用解压缩软件，对电脑上的文件或文件夹进行压缩和解压缩的练习。

（2）使用 ACDSee 软件对图片的大小、名称进行批量更改。

（3）将 Word 文档转换成 PDF 文件，再将 PDF 文件转换成 .txt 文档。

学习评价

自主评价	通过本任务学会的技能：_____
	_____
	完成任务的过程中遇到的问题：_____
	_____
	_____
教师评价	教师评语：_____
	_____
	_____

Word 2010电子文档处理

任务1 制作“关于举办元旦联欢会演活动的通知”

任务描述

在 Word 中进行文字处理工作时，为了使文档美观且便于阅读，要对文档进行相应的页面设置、字符格式设置、段落格式设置、添加边框和底纹等基本操作。本任务通过制作“关于举办元旦联欢会演活动的通知”，介绍 Word 2010 电子文档的基本操作，如图 3-1 所示。

关于举办元旦联欢会演活动的通知

各班级：

为了丰富学生的校园生活，活跃校园气氛，为我校师生施展才华提供一个广阔的舞台，将在近期举行元旦联欢会演活动，有关事宜通知如下：

一、活动主题与节目形式

1. 活动主题

本次元旦联欢会演活动以“放飞梦想”为主题，本着“创新、精彩”的原则，联系校园生活实际情况编排内容。

2. 节目形式

以班级为单位，每班精选 1~2 个节目，每个节目控制在 6~9分钟内。节目形式不限，可以是声乐、舞蹈、器乐、朗诵、小品及曲艺类等节目，内容健康，弘扬正能量。

二、时间安排和奖项设置

(1) 2016 年 12 月 17 日—24 日，校政教处、校团委和艺体组联合成立评审小组进行节目筛选。

(2) 2016 年 12 月 30 日，在学校剧场进行会演。

(3) 2017 年 1 月 1 日，按照集体节目和个人节目分类，评出一等奖 1 名，二等奖 2 名，三等奖 3 名，优秀奖若干名。

各班要高度重视，认真做好节目的排练和筛选，确保节目质量，于 2016 年 12 月 15 日报送学校政教处。

校政教处、校团委和艺体组

2016 年 11 月 12 日

图 3-1 关于举办元旦联欢会演活动的通知

任务实施

1. 页面设置

新建 Word 2010 文件，命名为“关于举办元旦联欢会演活动的通知”，按图 3-1 所示完成文档内容录入。打开该文件，通过“页面布局”选项卡中的“页面设置”命令组进行页面设置，如图 3-2 所示。

图 3-2 "页面设置"命令组

在"页面设置"命令组中单击右下角"箭头"组按钮，打开"页面设置"对话框，在"页边距"选项卡中设置上下边距为 2.9 厘米，左右边距为 3 厘米，如图 3-3 所示。

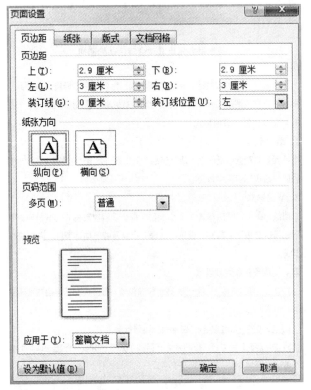

图 3-3 "页边距"选项卡

在"纸张"选项卡中设置纸张大小为 A4，如图 3-4 所示。

▶ 2. 字符格式设置

设置整篇文档的字体为宋体、小四号字，其中标题"关于举办元旦联欢会演活动的通知"与各自然段标题要加粗显示；将最后一段字体设置为斜体；给标题"二、时间安排和奖项设置"下面各段第一句话加上双下划线。

（1）字符格式设置要通过"开始"选项卡的"字体"命令组来实现，按 Ctrl＋A 组合键选中整篇文档后，设置字体为宋体，字号为小四号，如图 3-5 所示。

还可以单击"开始"选项卡的"字体"命令组右下角的小箭头按钮打开"字体"对话框，进行字符格式的设置。此外，还可以利用浮动工具栏对选择的文本进行字体设置。

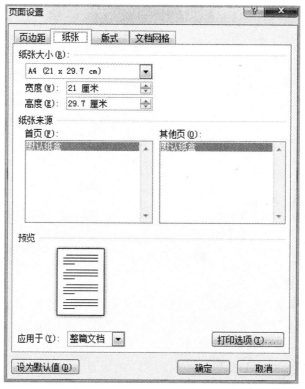

图 3-4　"纸张"选项卡

图 3-5　设置字体和字号

　　按住 Ctrl 键的同时，分别选中各段标题，单击"字体"命令组中的"加粗"命令 **B**，将文字加粗显示。

　　将光标定位在最后一段"各班要高度重视，认真做好节目的排练和筛选，确保节目质量，于 2016 年 12 月 15 日报送学校政教处。"任意位置，快速三击鼠标左键选中整个自然段，单击字体组中"倾斜"按钮 *I*，实现文字倾斜效果，如图 3-6 所示。

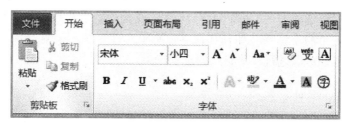

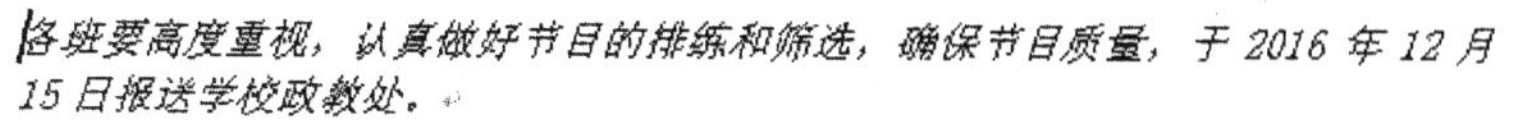

图 3-6　字体"倾斜"显示效果

　　按住 Ctrl 键的同时，分别选中标题"二、时间安排和奖项设置"下各段的时间部分，单击"字体"命令组中"下划线" **U** ▾ 按钮，展开"下划线"下拉列表，选中双下划线，如图 3-7 所示。

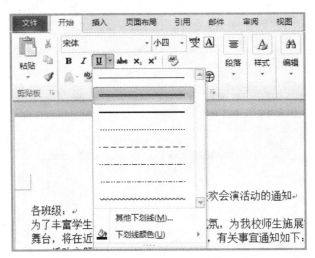

图 3-7　添加"双下划线"

▶ 3. 段落格式设置

设置"通知"标题为"居中对齐"方式；将正文文字设置为"首行缩进 2 字符""1.5 倍行距"；将最后两行设置为"右对齐"方式；为标题"一、活动主题与节目形式"下面两个标题添加编号，编号样式为"1.""2."；为标题"二、时间安排和奖项设置"下面三个自然段添加编号，编号样式为（1）（2）（3）；为最后一段"各班要高度重视，认真做好节目的排练和筛选，确保节目质量，于 2016 年 12 月 15 日报送学校政教处。"添加背景色与边框。

可以通过"开始"选项卡的"段落"命令组进行段落设置，也可以单击"开始"选项卡的"段落"命令组右下角的小箭头按钮，如图 3-8 所示，打开"段落"对话框，如图 3-9 所示。利用"段落"对话框也可以进行段落格式的设置。

图 3-8　"段落"命令组

选中标题文本"关于举办元旦联欢会演活动的通知"，在"段落"命令组中，单击"居中"按钮，如图 3-10 所示，将标题设置为居中对齐。

选择正文文本，单击"开始"选项卡的"段落"命令组右下角的小箭头按钮，打开"段落"对话框，在"缩进和间距"选项卡中设置"特殊格式"为"首行缩进"，"磅值"为"2 字符"，在"行距"处设置其为"1.5 倍行距"，如图 3-11 所示。

选中最后两行文本，打开"段落"对话框，将"常规"选项组中的"对齐方式"设置为"右对齐"，如图 3-12 所示，将最后两行文本设置为右对齐，效果如图 3-13 所示。

按住 Ctrl 键的同时选中"活动主题"和"节目形式"文本，如图 3-14 所示。

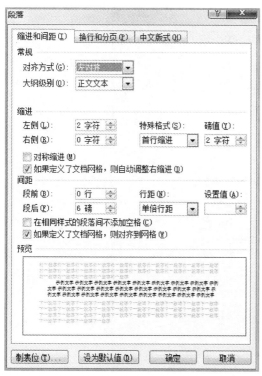

图 3-9 "段落"对话框

图 3-10 设置标题为"居中"对齐方式

图 3-11 "缩进和间距"选项卡

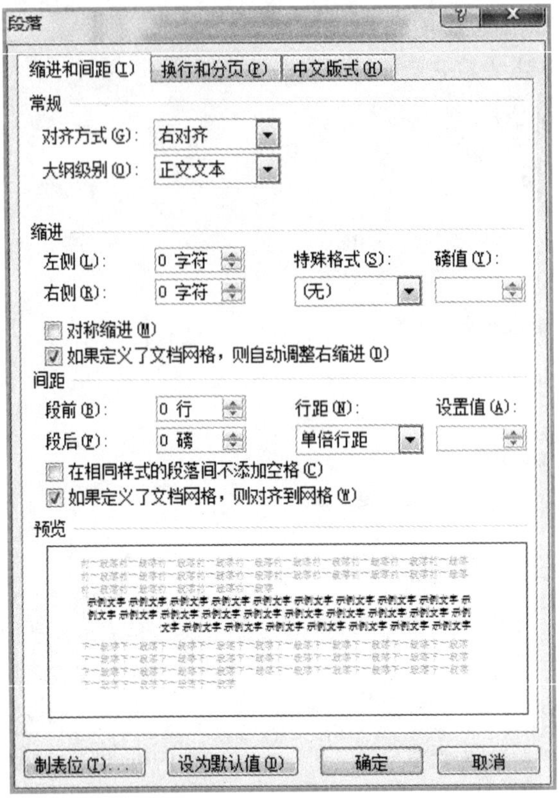

图 3-12　设置最后两行文本为右对齐

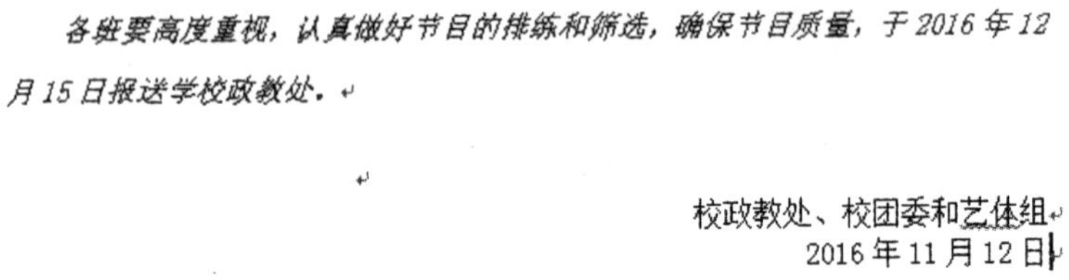

各班要高度重视，认真做好节目的排练和筛选，确保节目质量，于 2016 年 12 月 15 日报送学校政教处。

校政教处、校团委和艺体组
2016 年 11 月 12 日

图 3-13　右对齐效果

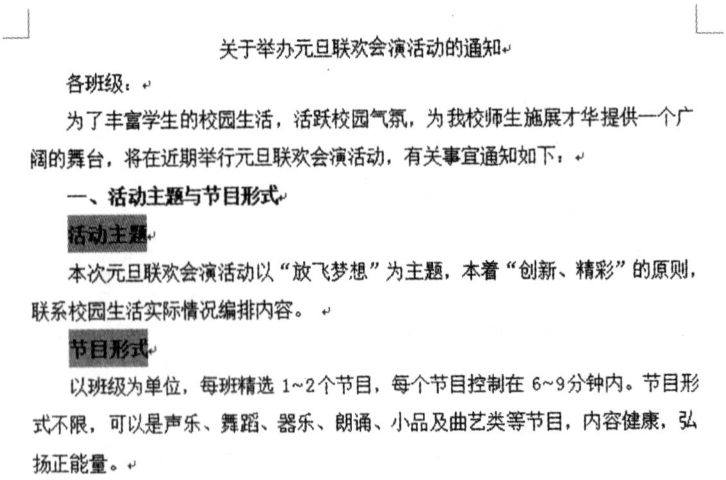

关于举办元旦联欢会演活动的通知

各班级：

为了丰富学生的校园生活，活跃校园气氛，为我校师生施展才华提供一个广阔的舞台，将在近期举行元旦联欢会演活动，有关事宜通知如下：

一、活动主题与节目形式

活动主题

本次元旦联欢会演活动以"放飞梦想"为主题，本着"创新、精彩"的原则，联系校园生活实际情况编排内容。

节目形式

以班级为单位，每班精选 1~2 个节目，每个节目控制在 6~9 分钟内。节目形式不限，可以是声乐、舞蹈、器乐、朗诵、小品及曲艺类等节目，内容健康，弘扬正能量。

图 3-14　同时选中"活动主题"和"节目形式"文本

选择"段落"命令组中的"编号"命令，在其弹出的下拉菜单中找到对应编号格式，如图 3-15所示。此时文本效果如图 3-16 所示。

图 3-15　选择对应编号

关于举办元旦联欢会演活动的通知

各班级：

为了丰富学生的校园生活，活跃校园气氛，为我校师生施展才华提供一个广阔的舞台，将在近期举行元旦联欢会演活动，有关事宜通知如下：

一、活动主题与节目形式

1. 活动主题

本次元旦联欢会演活动以"放飞梦想"为主题，本着"创新、精彩"的原则，联系校园生活实际情况编排内容。

2. 节目形式

以班级为单位，每班精选 1~2个节目，每个节目控制在 6~9分钟内。节目形式不限，可以是声乐、舞蹈、器乐、朗诵、小品及曲艺类等节目，内容健康，弘扬正能量。

图 3-16　设置编号效果

单击"段落"命令组中的"编号"命令，在打开的下拉菜单中单击"定义新编号格式"命令，如图 3-17 所示。打开"定义新编号格式"对话框，如图 3-18 所示。

图 3-17　"定义新编号格式"命令　　　　图 3-18　"定义新编号格式"对话框

在"定义新编号格式"对话框"编号格式"文本框中设置编号格式为(1)，单击"确定"按钮，完成自定义编号格式的设置，如图 3-19 所示。

选中标题"二、时间安排和奖项设置"下面三个自然段，打开编号库，选择新定义的编号样式，完成编号设置，效果如图 3-20 所示。

选中最后一段文字，单击"段落"命令组"下横线"命令按钮，在弹出的下拉菜单中单击"边框和底纹"命令，如图 3-21 所示。

打开"边框和底纹"对话框，在"底纹"选项卡进行底纹设置，在"应用于"下拉列表中选择"段落"，如图 3-22 所示。

在"边框和底纹"对话框"边框"选项卡上，选择设置为"阴影"，在"应用于"下拉列表中选择"段落"，如图 3-23 所示。文本的底纹和边框设置效果如图 3-24 所示。

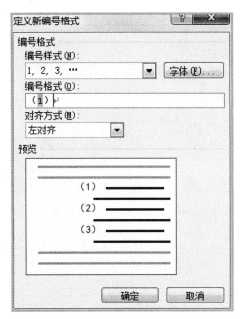

图 3-19　自定义编号格式

二、时间安排和奖项设置

（1）2016 年 12 月 17 日—24 日，校政教处、校团委和艺体组联合成立评审小组进行节目筛选。

（2）2016 年 12 月 30 日，在学校剧场进行会演。

（3）2017 年 1 月 1 日，按照集体节目和个人节目分类，评出一等奖 1 名，二等奖 2 名，三等奖 3 名，优秀奖若干名。

图 3-20　新定义的编号样式设置效果

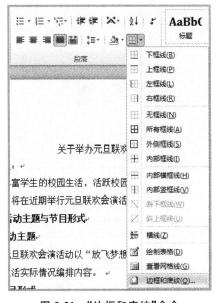

图 3-21　"边框和底纹"命令

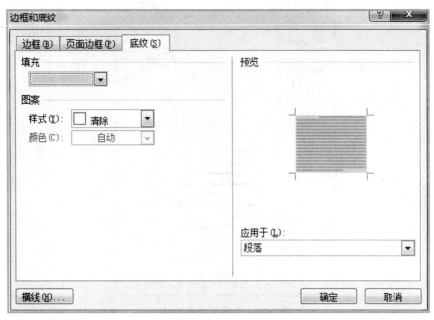

图 3-22　设置段落"底纹"效果

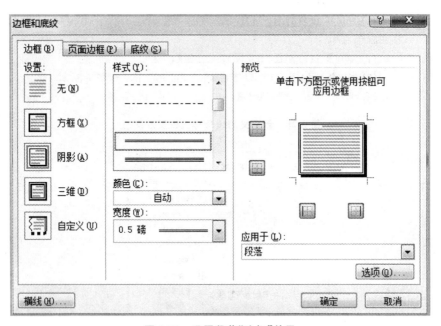

图 3-23　设置段落"边框"效果

　　各班要高度重视，认真做好节目的排练和筛选，确保节目质量，于 2016 年 12 月 15 日报送学校政教处。

图 3-24　底纹和边框效果

操作技巧

▶ 1. 文本操作

对文本进行编辑操作之前一定要先选择文本，选择文本的方法有很多种，常用的几种方法如下。

1）用鼠标选择文本

（1）按住鼠标左键从文本开始拖动到终止位置，适用于不跨页操作的页面。

（2）将光标放到文本任何位置快速三击鼠标左键，能够快速选中整个自然段的文字。

（3）将光标放到文本任何位置快速双击鼠标左键，能够快速选中一组词语。

2）用键盘选择文本

（1）Shift＋←(→)方向键：分别向左(右)扩展选定一个字符。

（2）Shift＋↑(↓)方向键：分别向上(下)扩展选定一行。

（3）Ctrl＋Shift＋Home：从当前位置到文档的开始选中文本。

（4）Ctrl＋Shift＋End：从当前位置到文档的结尾选中文本。

（5）Ctrl＋A：选中整篇文档。

（6）将光标定位到文本开始处，按住 Shift 键可跨页选择连续的文本区域。

（7）按住 Ctrl 键可选择不连续的文本区域。

3）撤销文本选定

在编辑文档的时候，如果所做的操作不合适，而想返回到当前结果前面的状态，则可以通过"撤销键入"或"恢复键入"功能实现。"撤销"功能可以保留最近执行的操作记录，用户可以按照从后到前的顺序撤销若干步骤，但不能有选择地撤销不连续的操作。可单击"快速访问"栏上的"撤销"按钮实现，也可以使用 Ctrl＋Z 组合键实现撤销操作，使用 Ctrl＋Y 组合键实现恢复操作。

4）文本复制

选中要复制的文本，单击鼠标右键，在弹出的快捷菜单中选择"复制"命令，还可以使用 Ctrl＋C 组合键实现对文本的复制操作。

5）文本粘贴

将光标定位到文本的目标存放位置，单击鼠标右键，在弹出的快捷菜单中选择"粘贴"命令，还可以使用 Ctrl＋V 组合键实现对文本的粘贴操作。

6）文本的移动

选中要移动的文本，单击鼠标右键，在弹出的快捷菜单中选择"剪切"命令。将光标定位到文本的目标存放位置，单击鼠标右键，在弹出的快捷菜单中选择"粘贴"命令，即可以实现文本的移动。也可通过 Ctrl＋X 组合键完成文本的移动操作。

7）删除文件

选中文本后，按键盘上的 Delete 键可将选中的文本删除，Delete 键还可以删除光标后面的字符，而 BackSpace 键可删除光标前面的字符。

8）格式刷

使用 Word 2010 编辑文档的过程中，可以借助格式刷快速重复设置相同格式。选中包含格式的文字内容，在"剪贴板"命令组中双击"格式刷"按钮，当鼠标箭头变成刷子形状后，按住鼠标左键拖选其他文字内容，则格式刷经过的文字将被设置成格式刷记录的格式。完成操作后，单击"格式刷"按钮或按键盘上的 Esc 键即可取消格式刷状态。

▶ 2. 文档的打印

打开 Word 2010 文档页面，单击"文件"按钮，在菜单中选择"打印"命令，如图 3-25 所示。

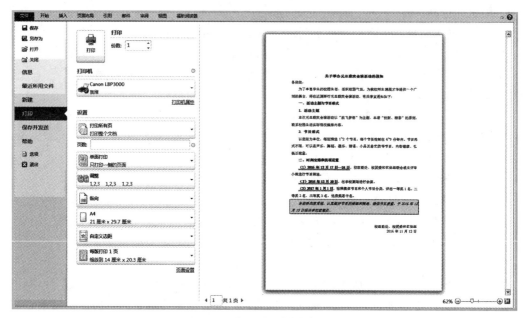

图 3-25 "打印文档"命令界面

在"打印"窗口中单击"打印机"下三角按钮，选择电脑中安装的打印机。根据需要修改"份数"数值以确定打印多少份文档；单击"打印所有页"的下三角按钮，可以设置"打印所有页""打印所选内容""打印当前页面"和"打印自定义范围"；单击"调整"下三角按钮，选中"调整"选项将完整打印第 1 份后再打印后续几份；选中"取消排序"选项则完成第一页打印后再打印后续页码。我们可以在预览区域预览打印效果，确定无误后单击"打印"按钮即可正式打印。

拓展训练

▶ 1. 录入通知的内容

关于召开"2016 年第二届中小企业服务与发展年会"的通知

各区、县(市)中小企业主管部门、相关企业：

由中国中小企业协会、中小企业协会共同主办，市企业信用担保服务中心承办的"2016 年第二届中小企业服务与发展年会"(以下简称"服务与发展年会")，将于 2016 年 12 月 31 日在市友谊宫国际会议厅召开，现将相关事宜通知如下：

一、会议时间及地点

会议时间：2016 年 12 月 31 日 8：30—16：30

会议地点：友谊宫四楼国际会议厅(友谊路 263 号)

二、参加人员

各区、县(市)中小企业主管部门相关领导及部门负责人、中小企业负责人。

三、会议内容

相关领导致辞、颁奖仪式、服务与发展专题交流等。

联系人：刘主任　1331234567

市工业和信息化委员会

2016 年 12 月 1 日

▶ 2. 对输入的文档进行排版

(1) 页面设置：纸张大小 A4，上下边距 2.5cm，左右边距 3.2cm。

(2) 标题文字：字体为华文行楷，字号为小二号，字体颜色为深蓝色，添加阴影效果，对齐方式为居中对齐，段前、段后各 12 磅。

(3) 正文：字体为宋体，字号为四号，行距为 1.5 倍行距，首行缩进 2 字符。

(4) 称呼：字形为加粗。各段标题：字形为加粗、倾斜。

(5) 将"一、会议时间及地点"两段正文添加项目符号，为会议地点后的文字添加着重号。

(6) 将"二、参加人员"下正文字体颜色设置为深红色、加波浪线，给段落文字添加波浪边框和"深色 25%"的底纹。

(7) 落款和时间：对齐方式为右对齐。

学习评价

自主评价	通过本任务学会的技能：
	完成任务的过程中遇到的问题：
教师评价	教师评语：

任务 2 | 制作"班级课程表"

任务描述

利用 Word 2010 的表格功能可以将文档中的内容简明、扼要地概括出来。在本任务中，通过学习制作"班级课程表"，掌握 Word 2010 中表格的制作方法与技巧，主要包括新建表格、编辑表格、设置表格样式等，效果如图 3-26 所示。

班级课程表

时间\科目	星期一	星期二	星期三	星期四	星期五
上午	语文	数学	英语	化学	英语
上午	数学	语文	数学	物理	化学
上午	英语	物理	化学	数学	语文
上午	数学	化学	语文	英语	体育
下午	化学	英语	物理	历史	英语
下午	物理	美术	英语	语文	数学
下午	政治	地理	计算机	音乐	物理

图 3-26 "班级课程表"完成效果

任务实施

▶ 1. 页面设置

在制作表格之前，首先要根据表格的规格、大致结构和内容确定其纸张的大小，对整个版面进行合理的布局，然后再创建表格。表格是由水平的行和垂直的列共同组成的，行与列交叉形成的方框称为单元格。在 Word 2010 中，用户可以通过多种方式创建表格。

（1）新建并保存文件，文件名为"班级课程表"。

（2）单击"页面布局"选项卡中"页面设置"命令组右下角的小箭头按钮，如图 3-27 所示。

图 3-27 "页面布局"选项卡

打开"页面设置"对话框，选择"页边距"选项卡，分别将"页边距"的上下左右设置为 3 厘米，将"纸张方向"设置为"横向"，在"应用于"下拉列表中选择"整篇文档"，如图 3-28 所示。

（3）选择"纸张"选项卡，在"纸张大小"下拉列表中选择 A4，在"应用于"下拉列表中选择"整篇文档"，如图 3-29 所示。

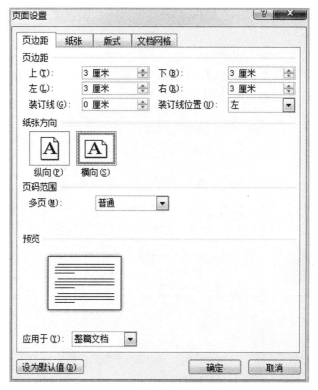

图 3-28 "页边距"选项卡

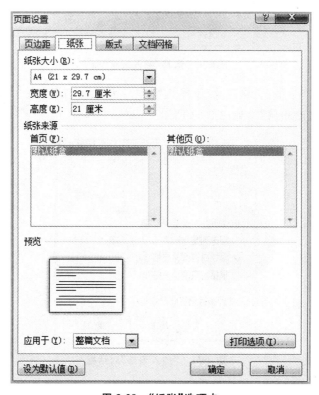

图 3-29 "纸张"选项卡

（4）单击"确定"按钮，完成页面设置。

▶ 2. 创建表格

（1）将光标定位在要插入表格的位置。

（2）选择"插入"选项卡，然后单击"表格"命令组中的"表格"下拉按钮，在下拉列表中选择"插入表格"命令，如图 3-30 所示。

图 3-30　选择"插入表格"命令

在"插入表格"对话框"表格尺寸"中输入"列数"为 6、"行数"为 8，在"自动调整"操作中选择"根据内容调整表格"，如图 3-31 所示。

图 3-31　"插入表格"对话框

（3）单击"确定"按钮，在文档中插入表格，如图 3-32 所示。

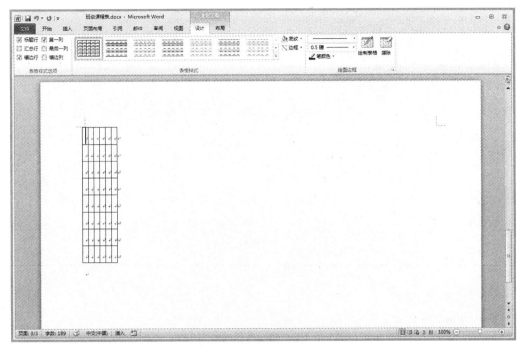

图 3-32　插入表格效果

▶ 3．编辑表格

表格创建完成后，用户可以对创建好的表格进行编辑，如合并和拆分单元格、根据内容的需要调整表格的行高和列宽，以及增加或删除表格的行和列。

首先在表格中输入文本信息。在表格中输入文本与在文档中输入文本的操作完全一样，将光标定位在某个单元格中即可在该单元格中输入文本，输入文本后的表格效果如图 3-33 所示。

	星期一	星期二	星期三	星期四	星期五
上午	语文	数学	英语	化学	英语
	数学	语文	数学	物理	化学
	英语	物理	化学	数学	语文
	数学	化学	语文	英语	体育
下午	化学	英语	物理	历史	英语
	物理	美术	英语	语文	数学
	政治	地理	计算机	音乐	物理

图 3-33　表格中输入文本

在单元格中输入文本后，还可以对文本进行一些相关设置，使其更加美观，具体步骤如下。

（1）将表格中的所有文字设置为"宋体""小四"，如图 3-34 所示。

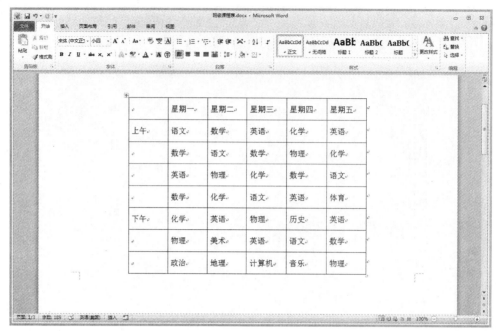

图 3-34 设置字体和字号

（2）选中整个表格，单击"表格工具：布局"选项卡"对齐方式"命令组中的"水平居中"按钮，如图 3-35 所示。完成后效果如图 3-36 所示。

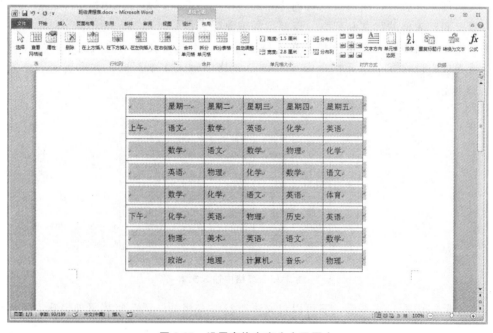

图 3-35 设置表格内容为水平居中

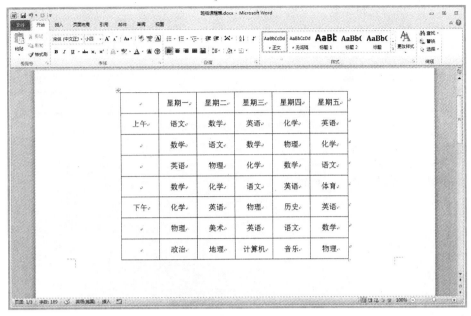

图 3-36　表格内容水平居中的效果

▶ 4. 调整表格的行高和列宽

（1）选中表格，单击"表格工具：布局"选项卡"单元格大小"命令组右下角的小箭头按钮，如图 3-37 所示。打开"表格属性"对话框，选择"行"选项卡，在行"尺寸"中选中"指定高度"，设置为"1.5 厘米"，单击"确定"按钮，如图 3-38 所示。

图 3-37　"表格工具：布局"选项卡

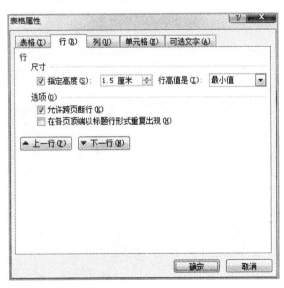

图 3-38　设置行高

也可以直接在"表格工具：布局"选项卡"单元格大小"命令组中设置"高度"为"1.5 厘米"，如图 3-39 所示。

图 3-39　在"单元格大小"命令组中设置行高

设置行高后的效果如图 3-40 所示。

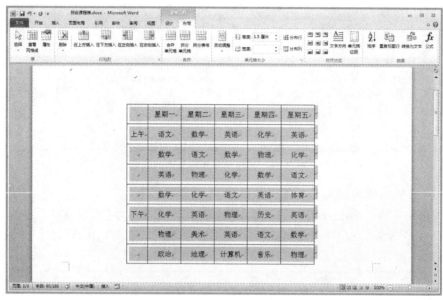

图 3-40　设置行高完成效果

（2）选中表格，打开"表格属性"对话框，选择"列"选项卡，选中"指定宽度"，设置为"2.8 厘米"，单击"确定"按钮，如图 3-41 所示。

图 3-41　设置列宽

设置列宽后的效果如图 3-42 所示。

图 3-42　设置列宽完成效果

▶ 5. 合并单元格

选中表格中需要合并的几个单元格，如图 3-43 所示。

	星期一	星期二	星期三	星期四	星期五
上午	语文	数学	英语	化学	英语
	数学	语文	数学	物理	化学
	英语	物理	化学	数学	语文
	数学	化学	语文	英语	体育
下午	化学	英语	物理	历史	英语
	物理	美术	英语	语文	数学
	政治	地理	计算机	音乐	物理

图 3-43　选中需要合并的单元格

单击"表格工具：布局"选项卡中"合并"命令组"合并单元格"按钮，如图 3-44 所示，将所选单元格合并为一个单元格，效果如图 3-45 所示。

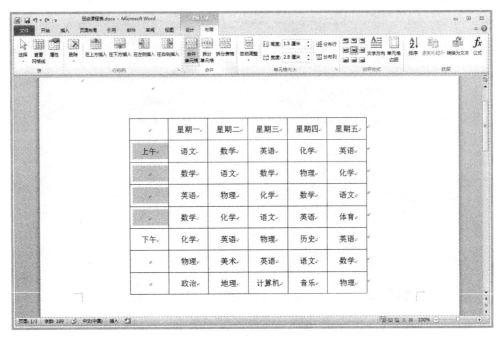

图 3-44　单击"合并单元格"按钮

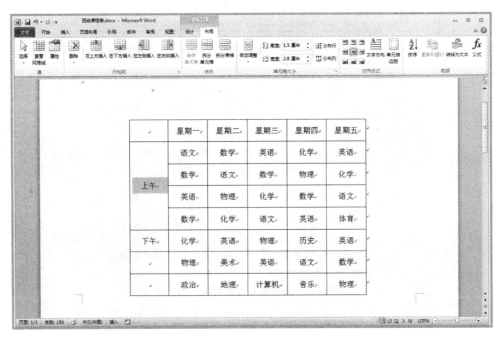

图 3-45　"上午"单元格的合并效果

用同样的方法完成"下午"单元格的合并，效果如图 3-46 所示。

图 3-46 "下午"单元格的合并效果

▶ 6. 绘制斜线表头

选中表格中需要绘制斜线表头的单元格，单击"表格工具：设计"选项卡"边框"下拉按钮，在下拉列表中选择"斜下框线"，如图 3-47 所示。

图 3-47 选择"斜下框线"命令

添加斜下框线效果如图 3-48 所示。

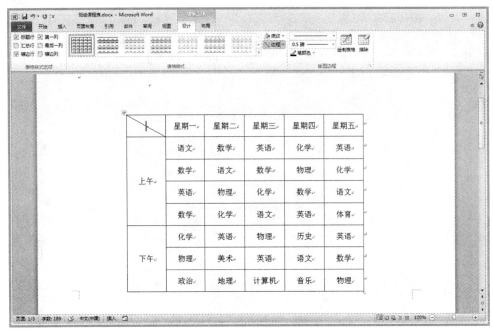

图 3-48　添加斜下框线效果

▶ 7. 插入文本框

单击"插入"选项卡"文本框"下拉按钮，在下拉列表中选择"绘制文本框"，如图 3-49 所示。

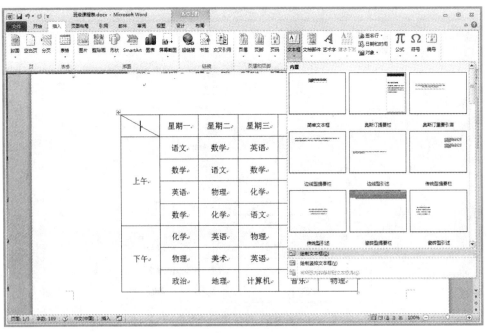

图 3-49　插入文本框

此时鼠标指针变成十字状，按住鼠标左键从左往右拖动，即可画出一个文本框，然后输入文本内容"时间"，字体"宋体"、字号"三号"、设置"加粗"。以同样的方法完成"科目"文本框的设置，如图 3-50 所示。

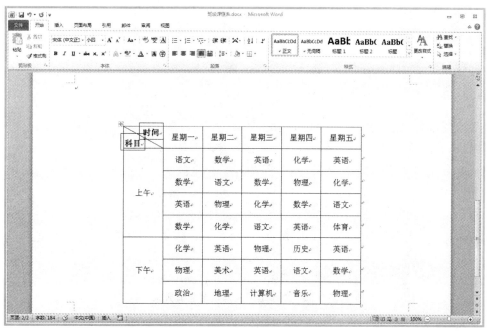

图 3-50 插入"时间"和"科目"文本框

选中"时间"文本框，单击"绘图工具：格式"选项卡"形状样式"命令组中的"形状轮廓"下拉按钮，在下拉列表中选择"无轮廓"选项，如图 3-51 所示。

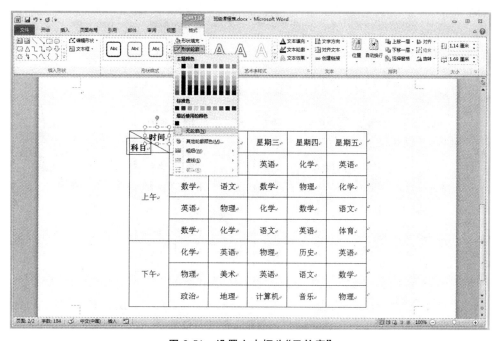

图 3-51 设置文本框为"无轮廓"

用同样的方法设置"科目"文本框，完成后的效果如图 3-52 所示。

图 3-52　文本框无轮廓设置完成效果

▶ 8. 添加标题

为该表添加标题"班级课程表"，字体设置为"隶书"，字号为"小一"，设置为"居中对齐"。分别将行标题和列标题加粗，至此，"班级课程表"设置完成，效果如图 3-53 所示。

图 3-53　"班级课程表"完成效果

操作技巧

在 Word 2010 中，用户还可以对表格设置边框样式，从而增强表格的视觉效果，使表格看起来更加美观。

选中表格，单击"表格工具：设计"选项卡"边框"下拉按钮，在下拉按钮中单击"边框和底纹"，打开"边框和底纹"对话框。选择"边框"选项卡，可根据需要进行边框设置，如图 3-54 所示。

图 3-54　边框设置

单击"确定"按钮，即可完成添加边框的操作，效果如图 3-55 所示。

图 3-55　添加边框效果

拓 展 训 练

利用 Word 2010 和本任务学习的知识，制作本班的课程表，并通过添加边框等操作对课程表进行美化。

学 习 评 价

自主评价	通过本任务学会的技能： _____
	_____
	完成任务的过程中遇到的问题： _____
	_____
教师评价	教师评语： _____
	_____
	_____

任务 3　设计电子简报

任务描述

本任务通过学习制作电子简报，掌握 Word 2010 中文档的分栏排版和图文混排操作方法和技巧，电子简报的完成效果如图 3-56 所示。

图 3-56　电子简报效果图

任务实施

▶ 1. 页面设置

制作一个电子简报首先要确定其页面的大小，对整个版面进行合理的布局。

启动 Word 2010，新建一个 Word 文档，命名为"电子简报"，按图 3-56 所示内容进行文本录入。打开"页面设置"对话框，在"页边距"选项卡中，分别将"页边距"的"上""下"设置为"3 厘米"，"左""右"设置为"2 厘米"；"纸张方向"设置为"纵向"；在"应用于"下拉列表中选择"整篇文档"，如图 3-57 所示。

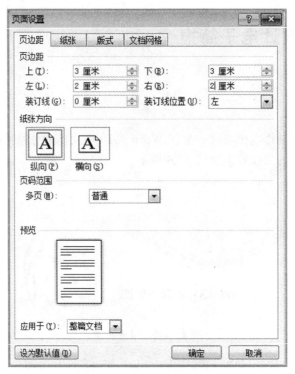

图 3-57　"页面设置"对话框

▶ 2. 设计简报标题

设计简报标题，设置标题字体为"华文行楷"、字号为"二号"、"居中对齐"，如图 3-58
所示。

图 3-58　设置简报标题

3. 设置段落格式

选中正文文本，打开"段落"对话框，在"缩进和间距"选项卡中设置"行距"为"1.5倍行距"、段前"0行"、段后"0磅"、特殊格式为"首行缩进"，磅值为"0.85厘米"，如图3-59所示。

图3-59 设置段落格式

4. 分栏设置

选中正文文本，单击"页面布局"选项卡"分栏"的下拉列表按钮，选择"两栏"，如图3-60所示。

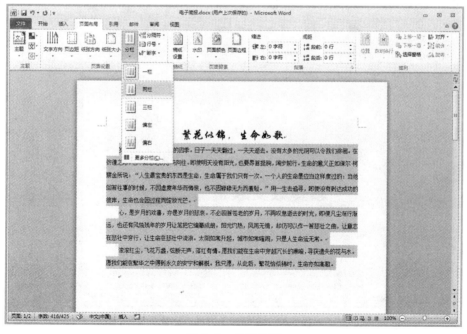

图3-60 分栏设置

分栏设置效果如图 3-61 所示。

图 3-61　分栏设置效果

▶ 5．插入图片

在简报标题上方插入图片，在"图片工具：格式"选项卡中的"位置"下拉列表中选择"嵌入文本行中"，如图 3-62 所示。

图 3-62　在标题上方插入图片

选择正文文本，并设置正文字体为"宋体""小四"，效果如图 3-63 所示。

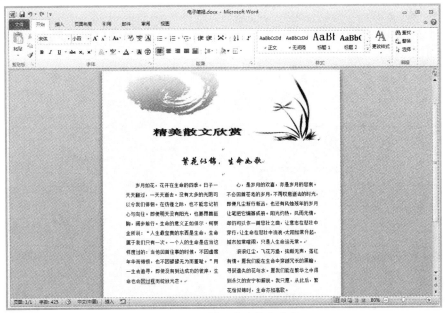

图 3-63　设置正文字体和字号

在文档的最后插入大树的图片，完成效果如图 3-64 所示。

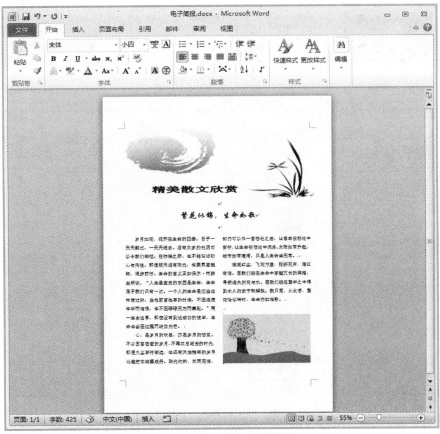

图 3-64　电子简报完成效果

操作技巧

Word 2010 中，除了可以对文档文本进行编辑，还可以对文档进行添加页面边框的操作，以美化文档。

在"开始"选项卡"段落"命令组中选择"边框和底纹"命令，如图 3-65 所示。打开"边框和底纹"对话框，在"页面边框"选项卡中进行页面边框设置，如图 3-66 所示。

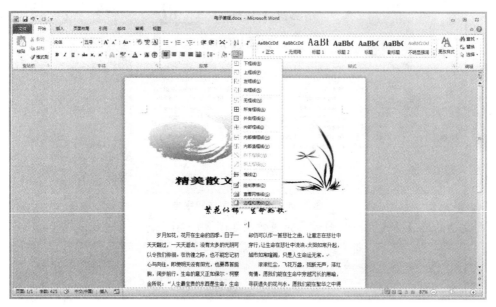

图 3-65　选择"边框和底纹"命令

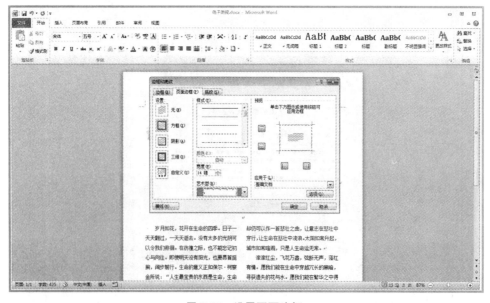

图 3-66　设置页面边框

页面边框设置完成后，效果如图 3-67 所示。

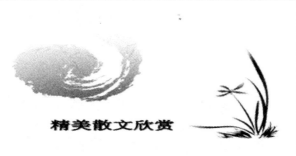

图 3-67　页面边框设置效果

拓展训练

自己设计制作一个标题为"我的学校"的电子简报。

学习评价

自主评价	通过本任务学会的技能：_____
	完成任务的过程中遇到的问题：_____
	_____
教师评价	教师评语：_____
	_____
	_____

Excel 2010电子表格应用

任务 1 制作"学生信息登记表"

任务描述

Excel 2010 是 Office 2010 办公系列软件中的一个重要组成部分，主要用于保存、处理和分析各种数据，可以极大地提高数据处理的效率，目前已经被广泛用于各行业。

本任务主要通过制作"学生信息登记表"完成学生信息的录入、编辑和保存，如图 4-1 所示。

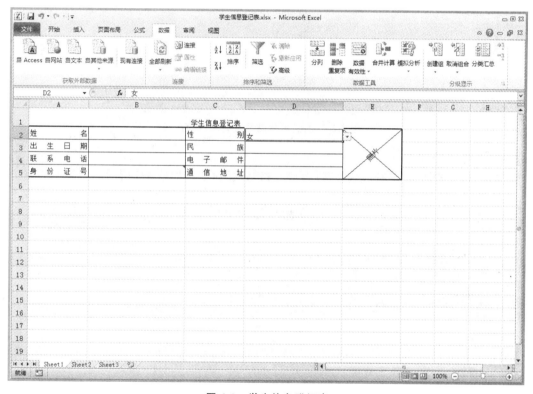

图 4-1　学生信息登记表

任务实施

▶ 1. 新建文件

新建 Excel 2010 文件，命名为"学生信息登记表"，在相应的单元格中输入表格内容，如图 4-2 所示。

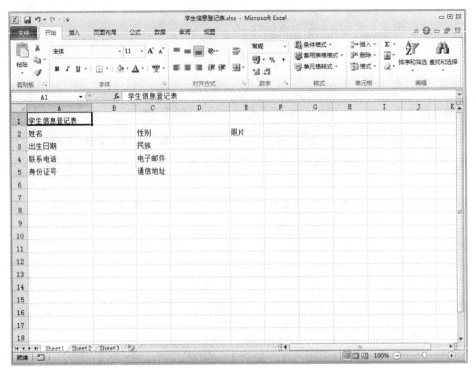

图 4-2　输入"学生信息登记表"内容

▶ 2. 单元格合并

选择 A1：E1 区域，右击选择"设置单元格格式"命令，如图 4-3 所示。

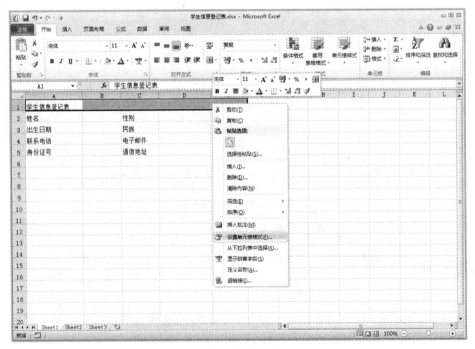

图 4-3　选择"设置单元格格式"命令

打开"设置单元格格式"对话框，选择水平对齐为"居中"，并勾选"合并单元格"选项，如图 4-4 所示。

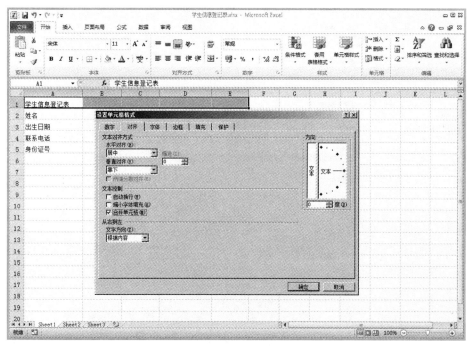

图 4-4　合并标题单元格

单元格合并、标题居中的效果如图 4-5 所示。

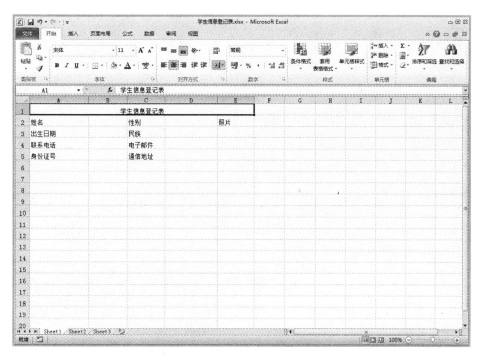

图 4-5　单元格合并、标题居中的效果

选择 E2：E5 区域，对"照片"单元格进行合并，设置水平对齐为"居中"，垂直对齐为"居中"，勾选"合并单元格"选项，设置方向为"45"度，如图 4-6 所示。

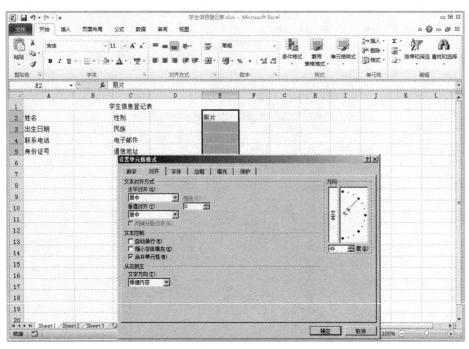

图 4-6　"照片"单元格合并，并改变"照片"文字方向

"照片"单元格效果如图 4-7 所示。

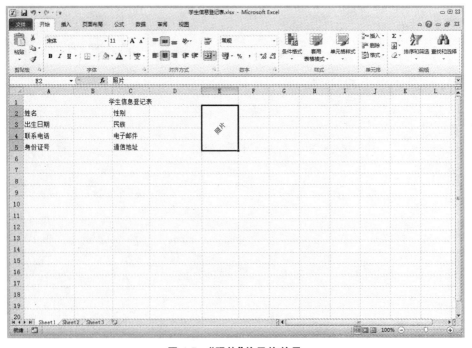

图 4-7　"照片"单元格效果

▶ 3. 调整列宽

选择 A 列单元格，右击选择"列宽"命令，如图 4-8 所示。打开"列宽"对话框，设置"列宽"为"15"，如图 4-9 所示。

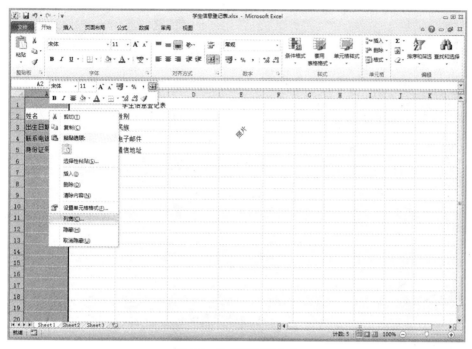

图 4-8 选择"列宽"命令

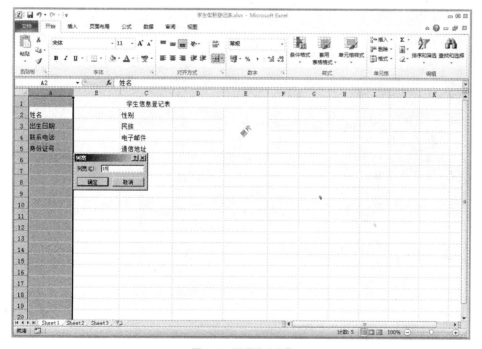

图 4-9 设置"列宽"

同样方法，设置 C 列和 E 列的列宽均为 15，设置 B 列和 D 列的列宽均为 25，效果如图 4-10 所示。

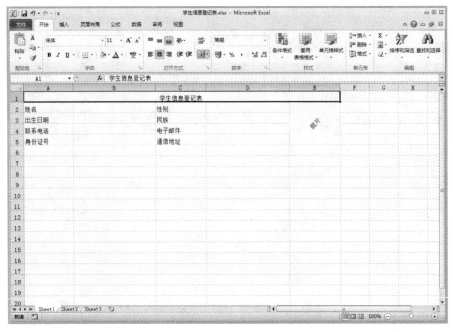

图 4-10　列宽设置效果

▶ 4. 调整内容的对齐方式

选择 A2：A5 单元格，进行单元格格式设置，选择水平对齐为"分散对齐（缩进）"，垂直对齐为"居中"，如图 4-11 所示。

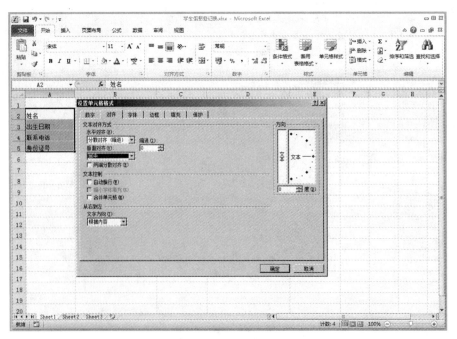

图 4-11　设置分散对齐

同样方法，设置 C2：C5 单元格，效果如图 4-12 所示。

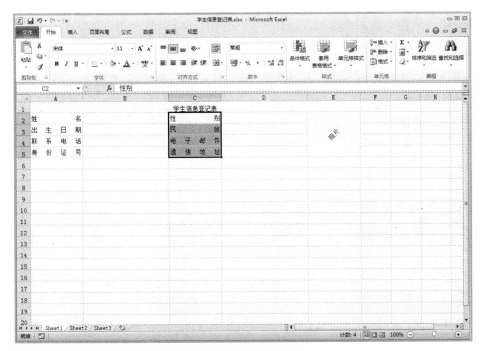

图 4-12　分散对齐效果

▶ 5. 设置表格框线

选择 A2：E5 区域，打开"设置单元格格式"对话框，选择"边框"选项卡，设置"外边框"为"粗线条"，"内部"为"细线条"，如图 4-13 所示。

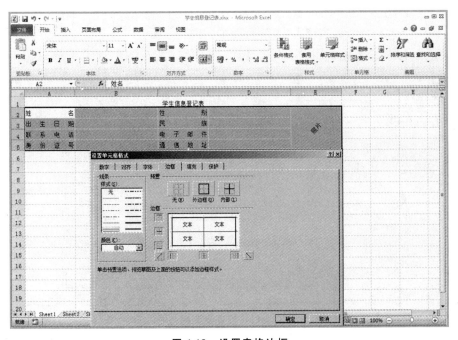

图 4-13　设置表格边框

表格边框设置效果如图 4-14 所示。

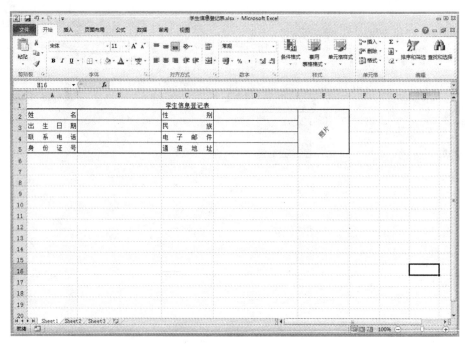

图 4-14 表格边框设置效果

选择"照片"所在的单元格，在"设置单元格格式"对话框的"边框"选项卡中进行交叉线设置，如图 4-15 所示。

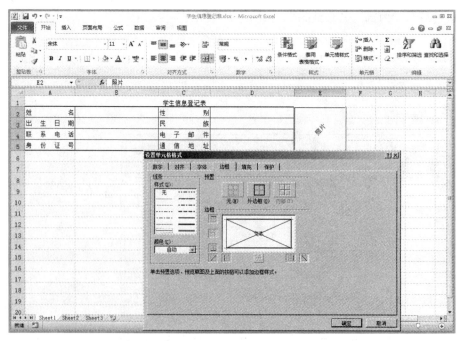

图 4-15 设置交叉线

交叉线设置效果如图 4-16 所示。

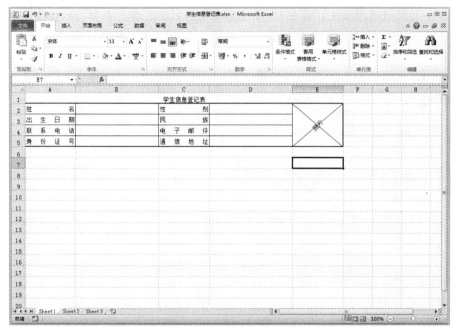

图 4-16　交叉线设置效果

▶ 6. 设置数据有效性

选择 B3 单元格，单击"数据"选项卡下"数据工具"命令组中"数据有效性"命令，打开"数据有效性"对话框，在"输入信息"选项卡中进行数据有效性设置。设置标题为"注意填写格式"，输入信息为"××××-××-××"，如图 4-17 所示。

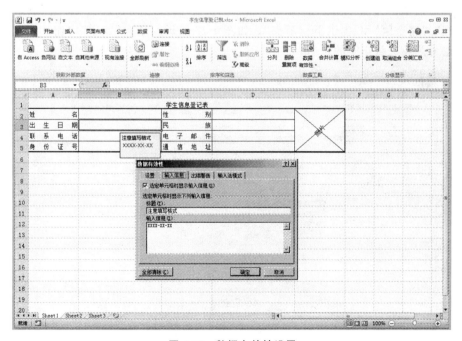

图 4-17　数据有效性设置

▶ 7. 添加批注

在 B5 单元格内使用批注，可在 B5 单元格中单击鼠标右键，在弹出的快捷菜单中选择"批注"，此时在单元格右上方会出现红色三角箭头，可以在注释区域直接添加文字"请填写 18 位数字"，如图 4-18 所示。

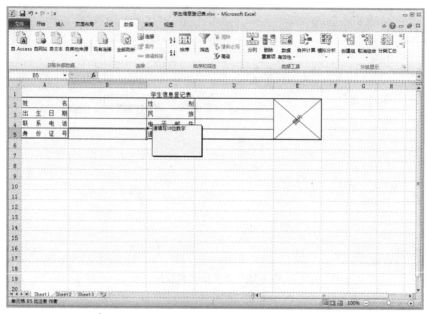

图 4-18　添加批注效果

▶ 8. 性别设置

选中 D2 单元格，单击"数据"选项卡下"数据工具"命令组中"数据有效性"命令，在"数据有效性"对话框中选择"设置"选项卡，在"允许"中选择"序列"，在"来源"中输入"男，女"，勾选"忽略空值"和"提供下拉箭头"，如图 4-19 所示，单击"确定"按钮。注意，"男，女"中的逗号为英文状态下的逗号。

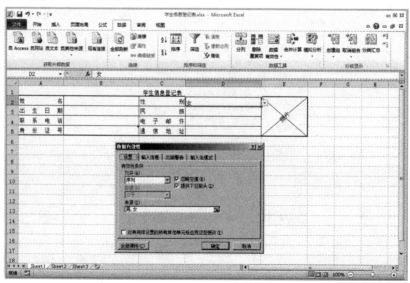

图 4-19　性别序列设置

性别序列设置效果如图 4-20 所示。

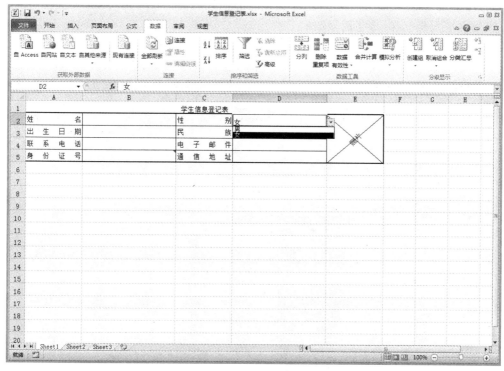

图 4-20　性别序列设置效果

D2 单元格的后方出现可点击的下拉按钮，这就是数据有效性中的序列效果，能够很轻松地为用户指定所要输入的内容，使基础数据的采集准确率大幅度提升。

▶ 9. 联系电话设置

通常联系电话的位数是 11 位，这里设置联系电话的位数是 11 位才能被正常提交。选择 B4 单元格，打开"数据有效性"对话框，选择"设置"选项卡，在"允许"中选择"整数"，在"数据"中选择"介于"，其最大与最小值的设定分别为 9 999 999 999 和 99 999 999 999，这里只是通过数的范围来进行约束，如图 4-21 所示。

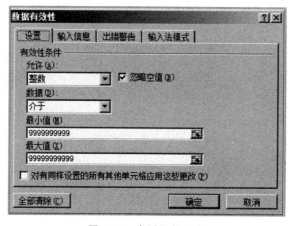

图 4-21　电话位数设定

选择"出错警告"选项卡，"样式"选择为"停止"，"标题"为"错误"，"错误信息"为"应填写 11 位手机号码"，如图 4-22 所示。这样能够使我们前面设置的"数据有效性"发挥作用，当用户输入非 11 位的电话号码时，会出现"应填写 11 位手机号码"的提示信息，如图 4-23 所示。

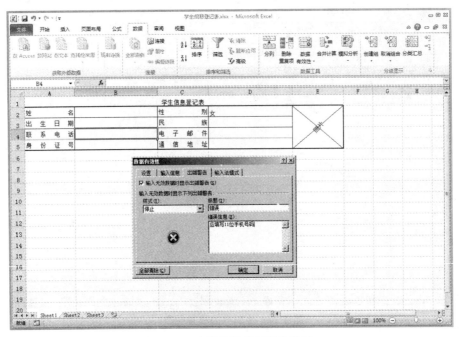

图 4-22　电话位数出错警告设置

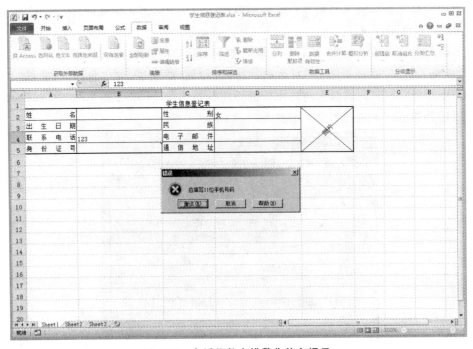

图 4-23　电话位数出错警告信息提示

▶ 10. 通信地址设置

选择 D5 单元格，打开"数据有效性"对话框，选择"设置"选项卡，在"允许"中选择"文本长度"，在"数据"中选择"介于"，其最小值与最大值的设定分别为 10 和 100，如图 4-24 所示。

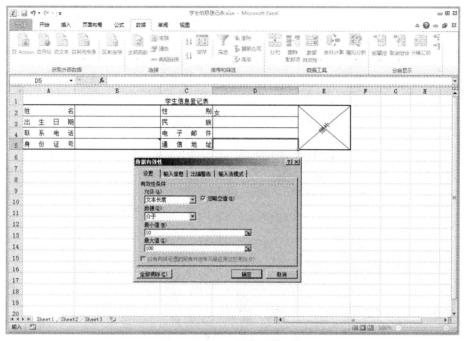

图 4-24　通信地址设置

然后选择"出错警告"选项卡，"样式"选择为"警告"，"标题"为"错误"，"错误信息"为"请详细填写通信地址"，如图 4-25 所示。

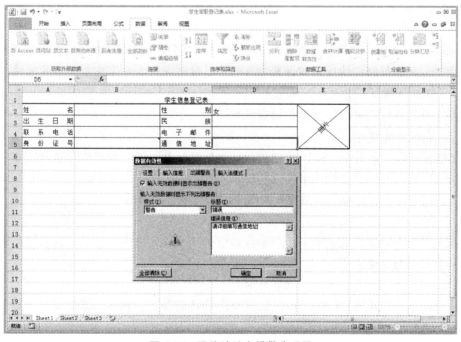

图 4-25　通信地址出错警告设置

设置完成后可以进行测试，例如，在 D5 单元格中输入"111"，不符合要求则弹出提示信息，如图 4-26 所示。

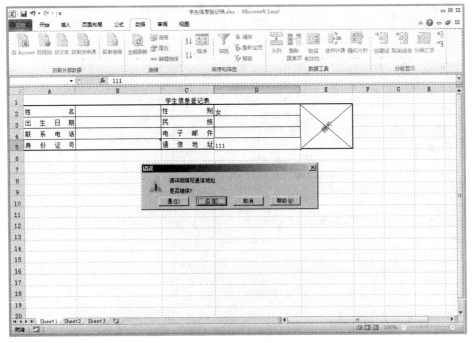

图 4-26　通信地址出错警告信息提示

操作技巧

▶ 1. 选取单元格

在 Excel 2010 中，单元格是操作的最基本元素，很多功能都是以数据选取为前提，尤其在处理大规模数据时，快捷的数据选取方式可以帮助我们提高工作效率和准确性。

▶ 2. 数据区域

由多个单元格所组成的区域即为数据区域。

▶ 3. 单元格选取的方法

（1）鼠标选取：在 Excel 2010 中通过鼠标选取是最常见的一种形式，也是很多初学者常用的方法，通常在选择小范围数据时使用。

（2）快捷键选取：提高工作效率，尤其对大批量数据很有效果。

▶ 4. 非连续区域

在某些情况下，要求我们对一个数据区域中的某些单元格进行选取，这样我们就很难通过上述介绍的方法来实现。

可以通过以下几种方法选择非连续区域：

（1）选择第一个区域（或单元格），然后按住 Ctrl 键并单击和拖动鼠标突出显示其他的单元格或区域。

（2）在"名称"框中输入区域（或单元格）地址并按 Enter 键，用逗号隔开每个区域地址。

　　注意：非连续区域与连续区域有几个重要的区别，其中一个明显的不同就是，不能使用拖放方法移动或复制非连续区域。

　　▶ 5. 单元格的定位

　　单元格定位即选取具有某些条件或格式的单元格，一般不针对单元格中的具体内容。例如，定位具有条件格式的单元格，这里只是针对条件格式这样一个很笼统的内容进行定位并不涉及每个单元格的内容。

　　▶ 6. 单元格的查找

　　可针对单元中的内容进行查找，如查找数据区域中内容为 15 的单元格。

　　▶ 7. 单元格的替换

　　一般与查找同步使用，将查找的内容进行替换。例如，将数据区域中单元格内容为 15 的替换为 55。

　　▶ 8. 设置单元格对齐方式

　　选中要设置对齐方式的单元格或区域，右击，选择"设置单元格格式"命令，在"设置单元格格式"对话框中选择"对齐"选项卡。

　　1）常用单元格对齐设置

　　（1）文本水平对齐：对单元格中的内容进行水平方向的调节（受单元格宽度影响），同时可以进行缩进的设定，如图 4-27 所示（缩进均为 2 字符）。

　　（2）文本垂直对齐：对单元格中的内容进行垂直方向的调节（受单元格高度影响），如图 4-28 所示。

	A	B
1	常规	单元格格式设置
2	靠左（缩进）	单元格格式设置
3	居中	单元格格式设置
4	靠右（缩进）	单元格格式设置
5	填充	单元格格式设置单元格格式设置
6	分散对齐（缩进）	单 元 格 格 式 设 置

图 4-27　文本水平对齐

		单元格格式设置
9	靠上	
10	居中	单元格格式设置
11	靠下	单元格格式设置

图 4-28　文本垂直对齐

　　（3）文本方向：可以改变文本的倾斜角度，如图 4-29 所示。

　　2）常用单元格文本控制

　　如果在单元格里面输入很多字符，Excel 2010 会因为单元格的宽度不够而没有在工作表上显示多出的部分。如果文本单元格的右侧是空单元格，Excel 2010 会继续显示文本的其他内容直到全部内容都被显示或遇到一个非空单元格而不再显示，此时可以选择"自动换行"，如图 4-30 所示。

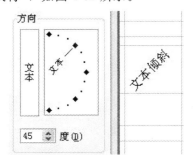

图 4-29　文本倾斜角度

正常显示	单元格格式设置单元格格式设置单元格格式设置	
遇到非空单元格	单元格格式设置单元格格式设	11
自动换行	单元格格式设置单 元格格式设置单元 格格式设置	

图 4-30　文本控制

拓 展 训 练

　　根据计算机等级考试要求收集本班同学相关信息，制作本班同学参加计算机等级考试的信息登记表。

学 习 评 价

自主评价	通过本任务学会的技能：＿＿＿＿＿＿＿＿＿＿＿＿＿＿＿＿＿＿＿＿ ＿＿＿＿＿＿＿＿＿＿＿＿＿＿＿＿＿＿＿＿＿＿＿＿＿＿＿＿＿＿＿＿ 完成任务的过程中遇到的问题：＿＿＿＿＿＿＿＿＿＿＿＿＿＿＿＿＿ ＿＿＿＿＿＿＿＿＿＿＿＿＿＿＿＿＿＿＿＿＿＿＿＿＿＿＿＿＿＿＿＿
教师评价	教师评语：＿＿＿＿＿＿＿＿＿＿＿＿＿＿＿＿＿＿＿＿＿＿＿＿＿＿＿ ＿＿＿＿＿＿＿＿＿＿＿＿＿＿＿＿＿＿＿＿＿＿＿＿＿＿＿＿＿＿＿＿ ＿＿＿＿＿＿＿＿＿＿＿＿＿＿＿＿＿＿＿＿＿＿＿＿＿＿＿＿＿＿＿＿

任务 2 | 制作"职工工资表"

任务描述

Excel 2010除可以用来收集信息，利用它还能够方便地制作出各种电子表格，使用公式和函数对表格中的数据进行复杂的运算。本任务主要通过制作"职工工资表"，学习Excel 2010中常用的公式和函数。

"职工工资表"完成效果如图 4-31 所示。

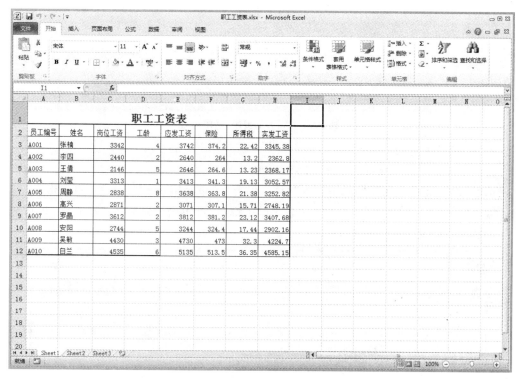

图 4-31 "职工工资表"完成效果

任务实施

新建 Excel 2010 文件，命名为"职工工资表"，输入员工编号、姓名、岗位工资、工龄等内容，如图 4-32 所示。

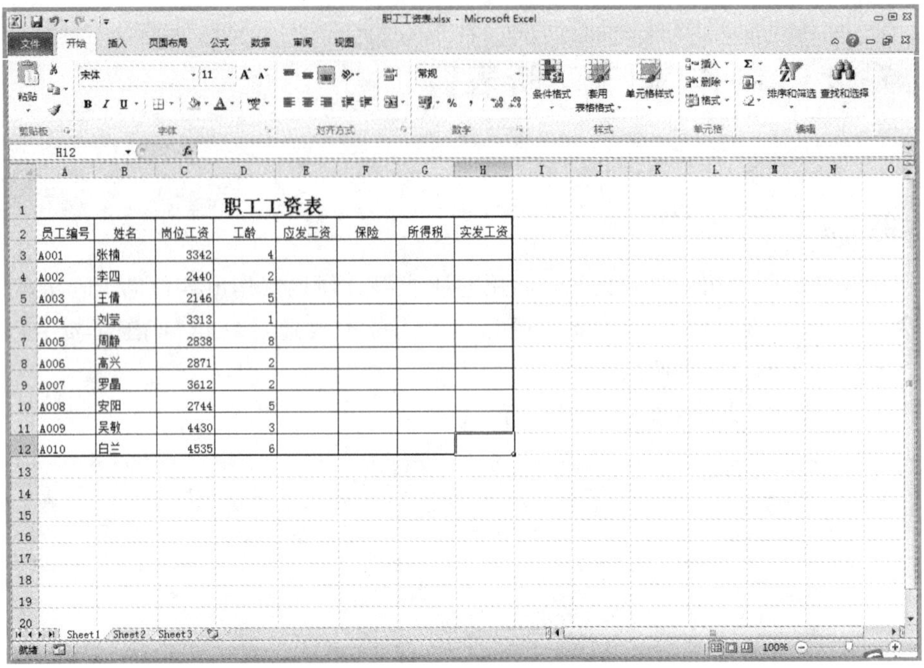

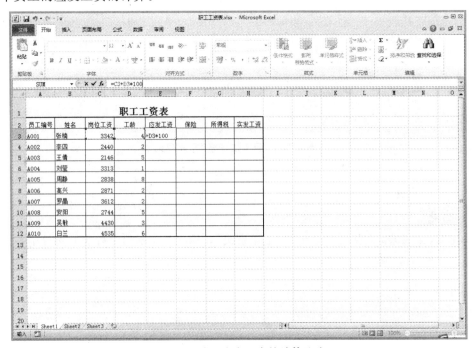

图 4-32　"职工工资表"初始内容

▶ 1. 应发工资的计算

公式：应发工资＝岗位工资＋工龄＊100。

选中 E3 单元格，在编辑栏中输入"＝"，单击 C3 单元格，输入"＋"，再单击 D3 单元格，输入"＊100"，如图 4-33 所示，再按 Enter 键（也可单击地址栏上 按钮）即可完成第一个员工的应发工资的计算。

图 4-33　输入应发工资的计算公式

其余员工的应发工资通过拖动填充柄来实现计算，即当鼠标移到 E3 单元格右下角变成“+”后，按住左键不松手，拖动到 E12 单元格再松开，完成全部员工应发工资的计算，如图 4-34 所示。

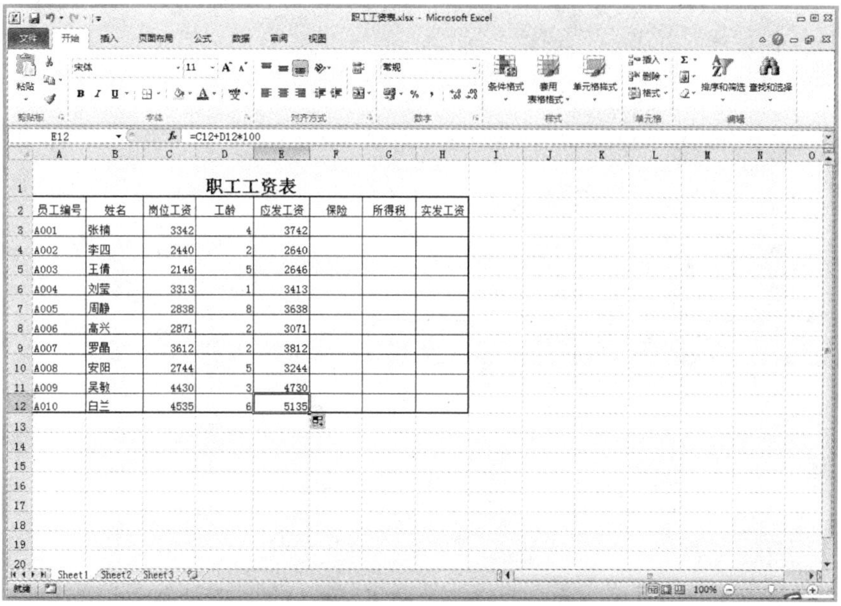

职工工资表

员工编号	姓名	岗位工资	工龄	应发工资	保险	所得税	实发工资
A001	张楠	3342	4	3742			
A002	李四	2440	2	2640			
A003	王倩	2146	5	2646			
A004	刘莹	3313	1	3413			
A005	周静	2838	8	3638			
A006	高兴	2871	2	3071			
A007	罗晶	3612	2	3812			
A008	安阳	2744	5	3244			
A009	吴敏	4430	3	4730			
A010	白兰	4535	6	5135			

图 4-34　填充应发工资的计算公式

2. 保险的计算

公式：保险=应发工资 * 10%。

参照应发工资计算的操作步骤，先输入公式，如图 4-35 所示，再拖动填充柄即可实现全部员工的保险的计算，如图 4-36 所示。

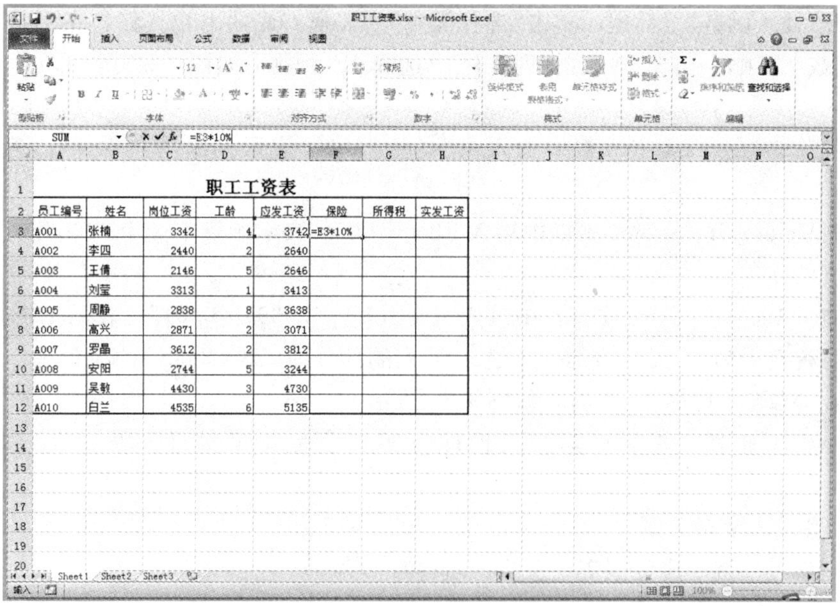

职工工资表

员工编号	姓名	岗位工资	工龄	应发工资	保险	所得税	实发工资
A001	张楠	3342	4	3742	=E3*10%		
A002	李四	2440	2	2640			
A003	王倩	2146	5	2646			
A004	刘莹	3313	1	3413			
A005	周静	2838	8	3638			
A006	高兴	2871	2	3071			
A007	罗晶	3612	2	3812			
A008	安阳	2744	5	3244			
A009	吴敏	4430	3	4730			
A010	白兰	4535	6	5135			

图 4-35　输入保险的计算公式

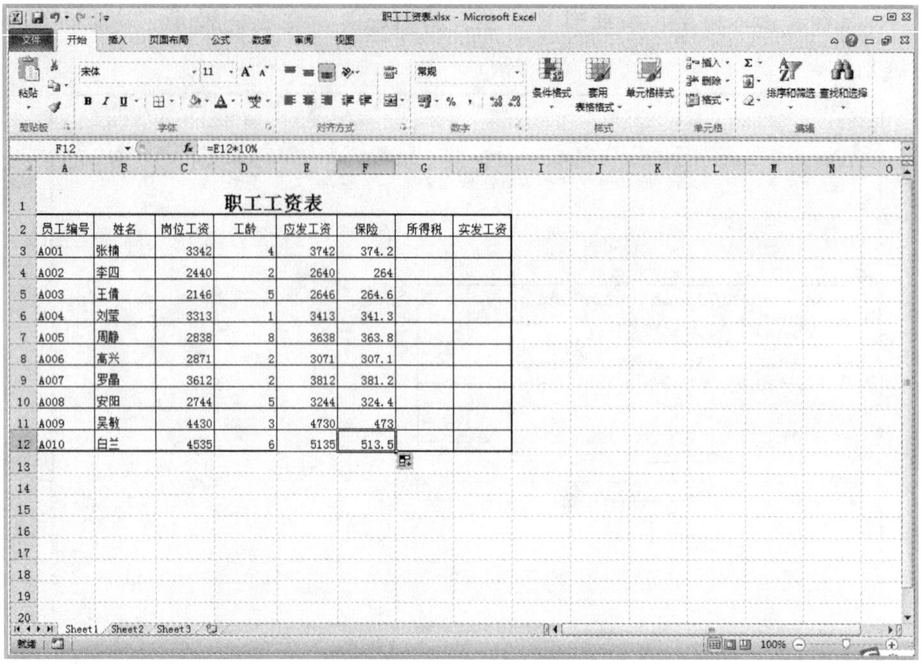

图 4-36 填充保险的计算公式

▶ 3. 所得税的计算

为便于计算，此处假设个人所得税的计算方法为：工资低于 3 000 元（含 3 000 元）时，以工资的 5‰作为个人所得税；如果工资高于 3 000 元时，3 000 元内个人所得税以工资的 5‰计算，工资高于 3 000 元部分，以 10‰作为个人所得税。

个人所得税的计算可以用 IF 函数实现。选中 G3 单元格，单击编辑栏左侧"插入函数"按钮，打开"插入函数"对话框，单击"选择类别"列表框右侧的下拉按钮，在下拉列表中选择"常用函数"选项，在"选择函数"列表框中选择 IF 函数，如图 4-37 所示，单击"确定"按钮。

（1）在 Logical _ test 文本框中输入 E3＜＝3 000，表示判断的条件为工资是否超过 3 000 元。

（2）在 Value _ if _ true 文本框中输入 E3 * 0.005，表示工资不大于 3 000 元时，所得税为应发工资的 5‰。

（3）在 Value _ if _ false 文本框中输入"15＋(E3－3 000) * 0.01"，表示工资大于 3 000 元时，所得税至少为 15 元，再加上超过 3 000 元的部分即(E3－3 000)的所得税，按工资的 10‰计算，即(E3－3 000) * 0.01，如图 4-38 所示。

单击"确定"按钮，然后拖动填充柄即可实现全部员工所得税的计算，如图 4-39 所示。

▶ 4. 实发工资的计算

公式：实发工资＝应发工资－保险－所得税。

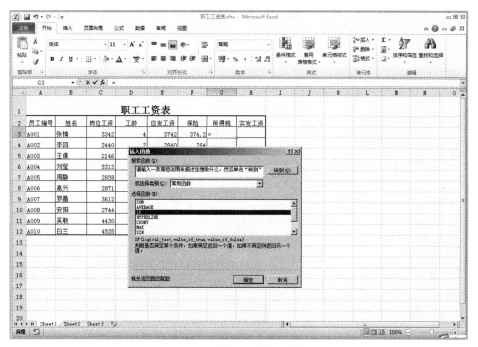

图 4-37 "插入函数"对话框

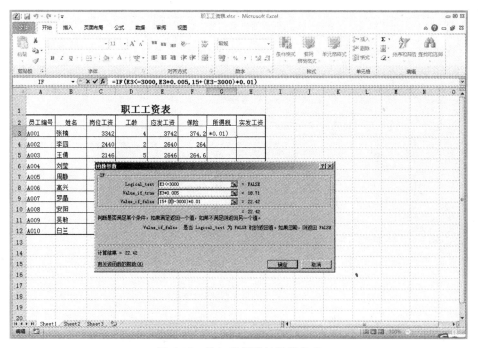

图 4-38 输入所得税的计算公式

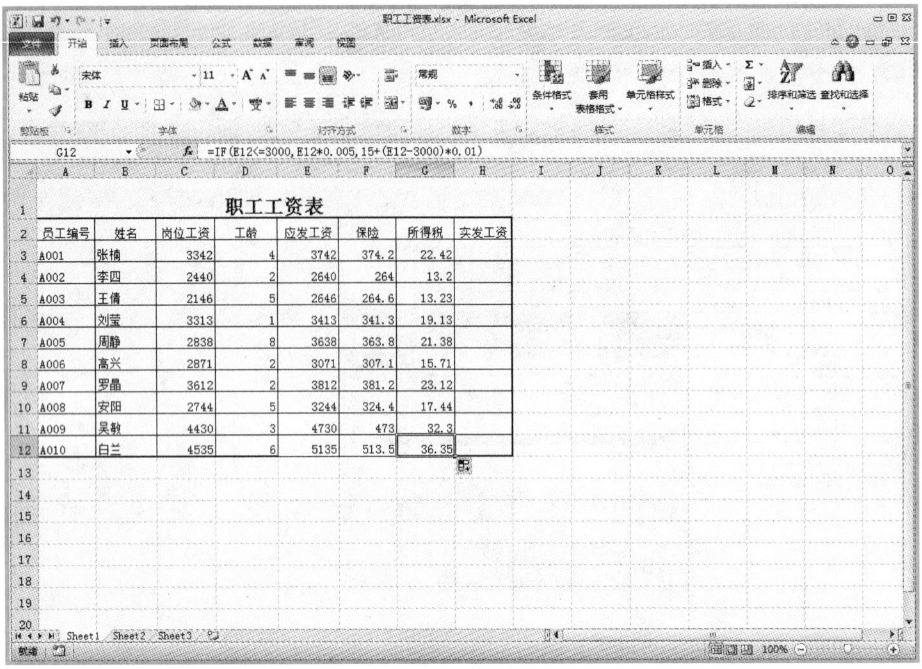

员工编号	姓名	岗位工资	工龄	应发工资	保险	所得税	实发工资
A001	张楠	3342	4	3742	374.2	22.42	
A002	李四	2440	2	2640	264	13.2	
A003	王倩	2146	5	2646	264.6	13.23	
A004	刘莹	3313	1	3413	341.3	19.13	
A005	周静	2838	8	3638	363.8	21.38	
A006	高兴	2871	2	3071	307.1	15.71	
A007	罗晶	3612	2	3812	381.2	23.12	
A008	安阳	2744	5	3244	324.4	17.44	
A009	吴敏	4430	3	4730	473	32.3	
A010	白兰	4535	6	5135	513.5	36.35	

图 4-39　填充所得税的计算公式

选中 H3 单元格，输入公式“＝E3－F3－G3”，如图 4-40 所示。

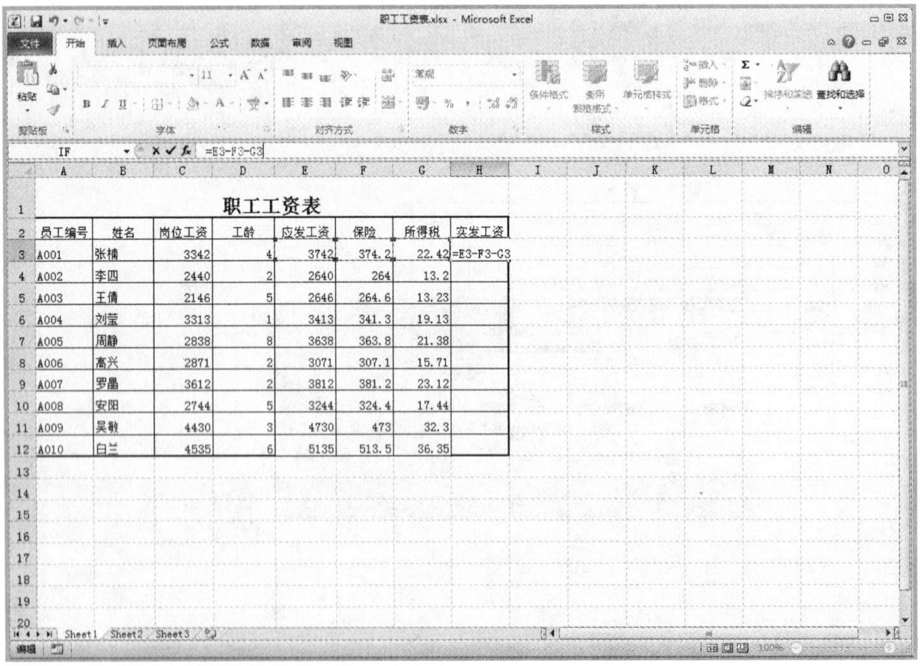

员工编号	姓名	岗位工资	工龄	应发工资	保险	所得税	实发工资
A001	张楠	3342	4	3742	374.2	22.42	=E3-F3-G3
A002	李四	2440	2	2640	264	13.2	
A003	王倩	2146	5	2646	264.6	13.23	
A004	刘莹	3313	1	3413	341.3	19.13	
A005	周静	2838	8	3638	363.8	21.38	
A006	高兴	2871	2	3071	307.1	15.71	
A007	罗晶	3612	2	3812	381.2	23.12	
A008	安阳	2744	5	3244	324.4	17.44	
A009	吴敏	4430	3	4730	473	32.3	
A010	白兰	4535	6	5135	513.5	36.35	

图 4-40　输入实发工资的计算公式

拖动填充柄即可实现所有员工实发工资的计算，如图 4-41 所示。

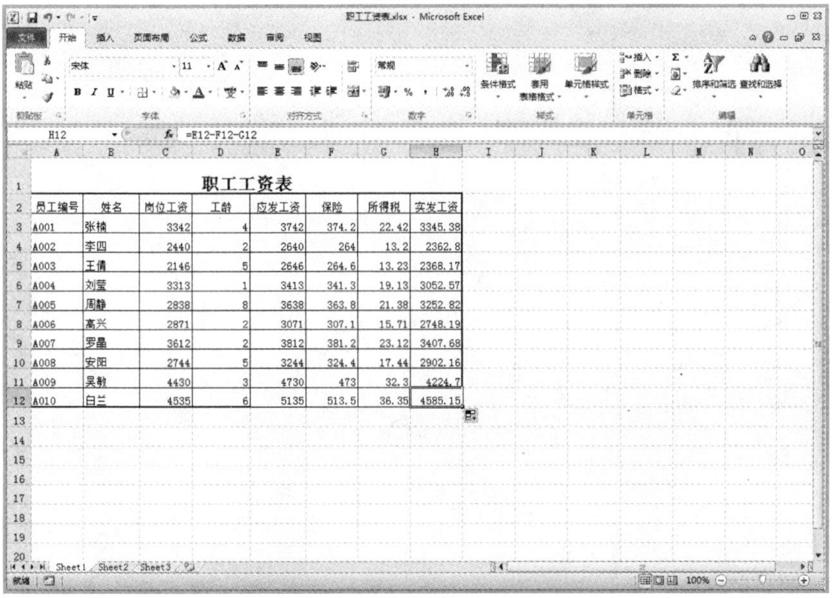

图 4-41 填充实发工资的计算公式

操作技巧

Excel 2010 中，还可以使用 SUM、MAX、MIN、AVERAGE 函数计算某个单元格区域或多个不连续的单元格区域中的和、最大值、最小值、平均值等。

▶ 1. SUM 函数的应用

在"职工工资表"中添加"实发工资合计"一栏，选中 H13 单元格，单击"开始"选项卡"自动求和"按钮的下拉按钮，在下拉菜单中选择"求和"命令，如图 4-42 所示。可以看到单元格 H1 中，已经插入了 SUM 函数，确认求和区域为"H3：H12"，如图 4-43 所示。

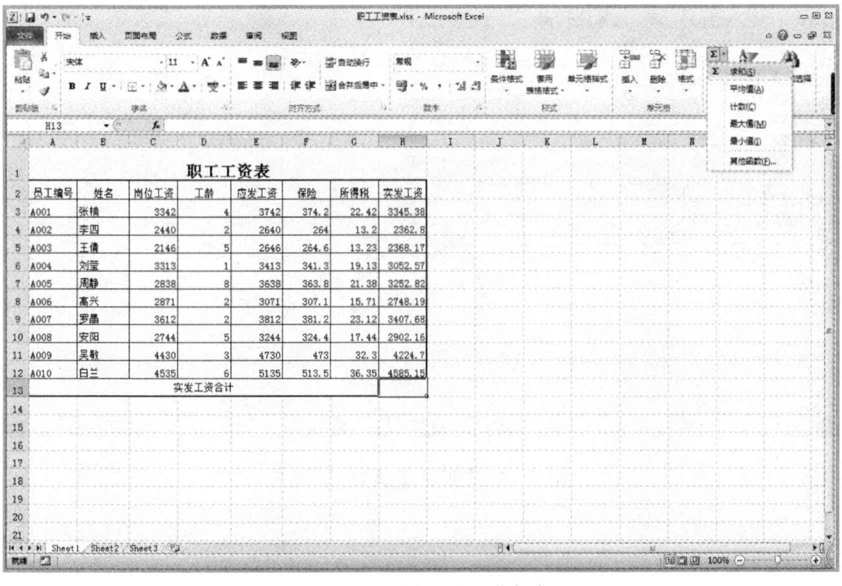

图 4-42 选择"求和"命令

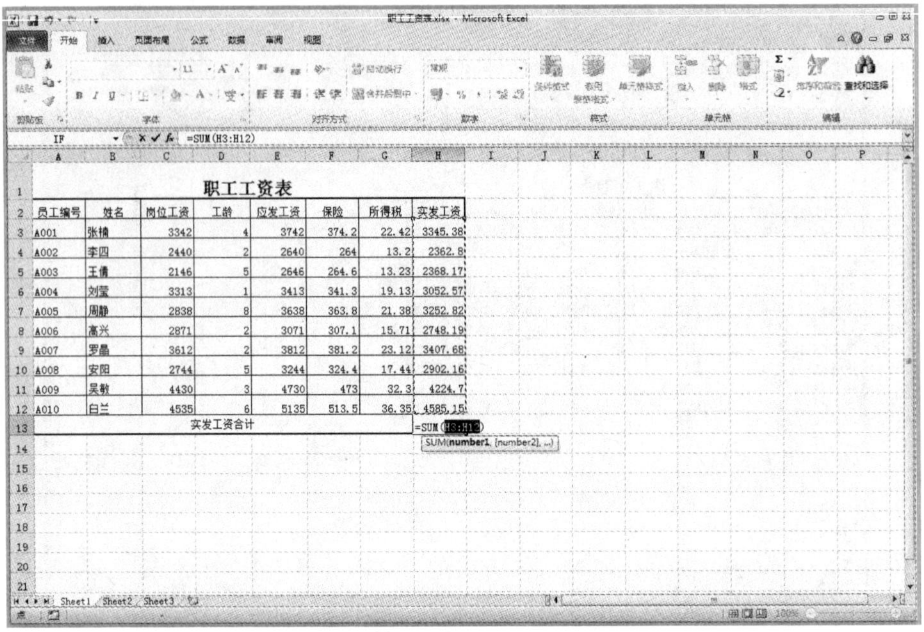

图 4-43 确认求和区域

“实发工资合计”结果如图 4-44 所示。

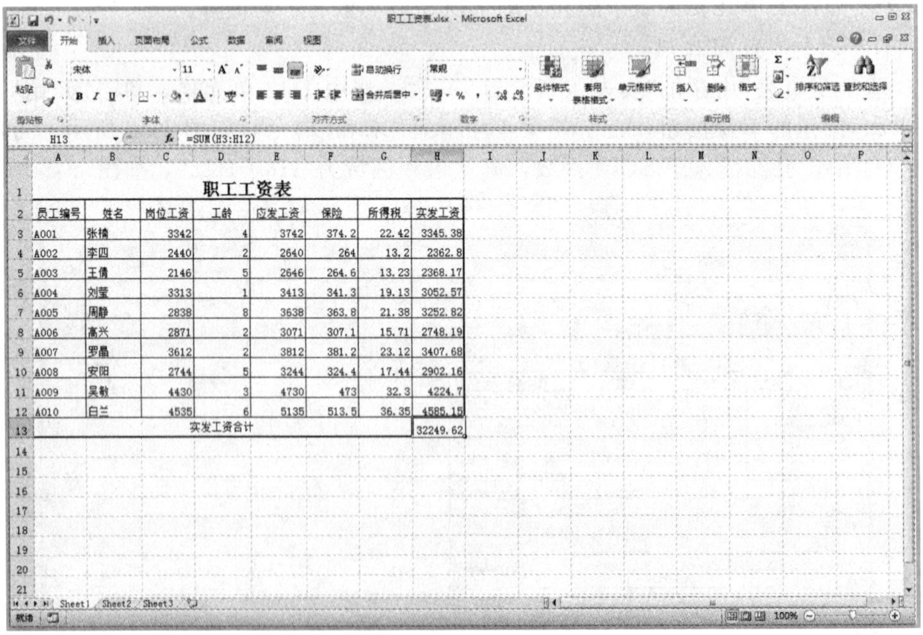

图 4-44 “实发工资合计”结果

▶ 2.MAX 函数的应用

在"职工工资表"中添加"实发工资最大值"一栏，选中 H14 元格，单击"开始"选项卡"自动求和"按钮的下拉按钮，在下拉菜单中选择"最大值"命令，如图 4-45 所示。可以看到单元格 H14 中已经插入了 MAX 函数，确认求最大值区域为"H3：H12"，如图 4-46 所示。

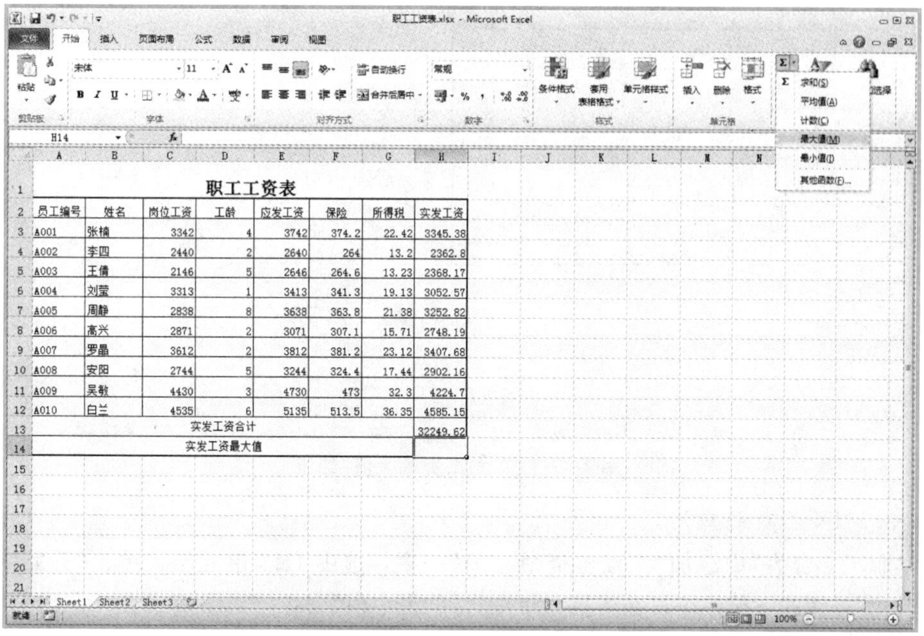

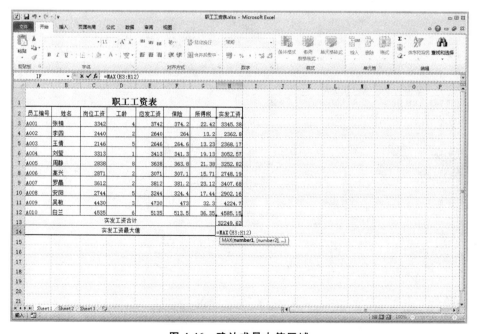

图 4-45 选择"最大值"命令

图 4-46 确认求最大值区域

"实发工资最大值"结果如图 4-47 所示。

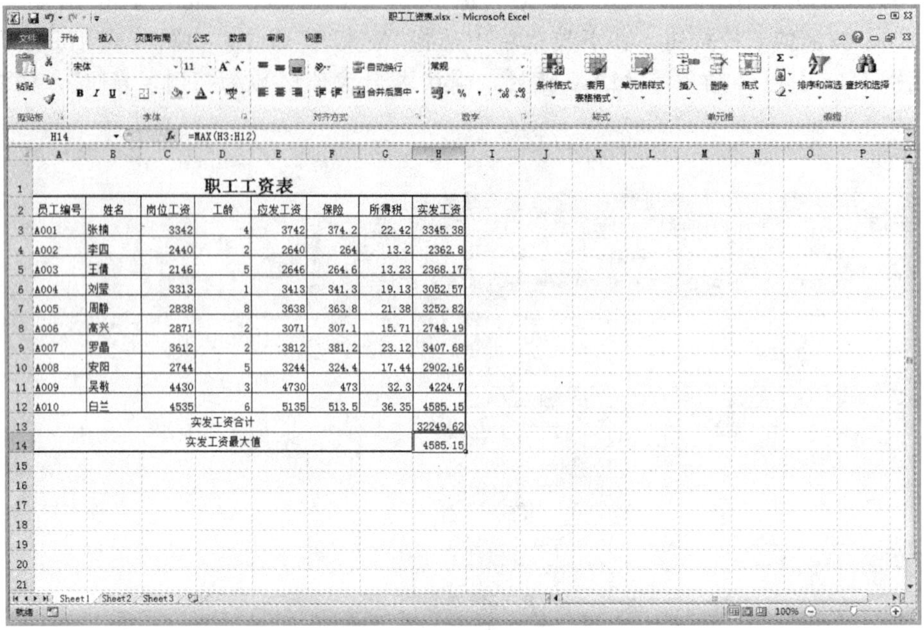

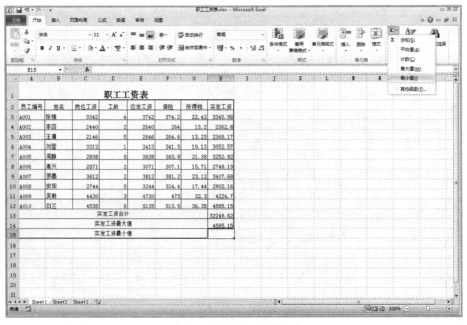

图 4-47 "实发工资最大值"结果

▶ 3. MIN 函数的应用

在"职工工资表"中添加"实发工资最小值"一栏，选中 H15 单元格，单击"开始"选项卡"自动求和"按钮的下拉按钮，在下拉菜单中选择"最小值"命令，如图 4-48 所示。可以看到单元格 H15 中经插入了 MIN 函数，确认求最小值区域为"H3∶H12"，如图 4-49 所示。

图 4-48 选择"最小值"命令

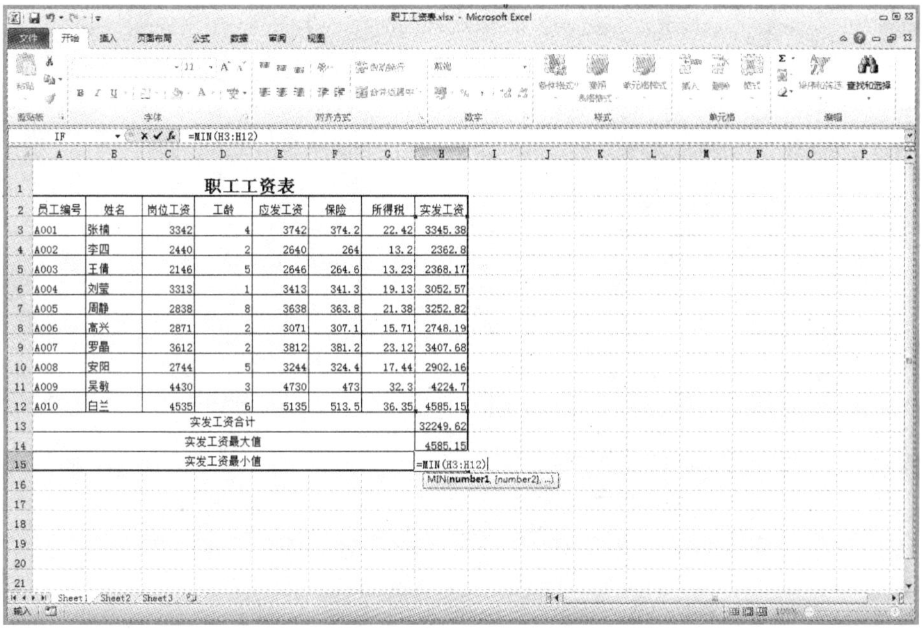

图 4-49 确认求最小值区域

"实发工资最小值"结果如图 4-50 所示。

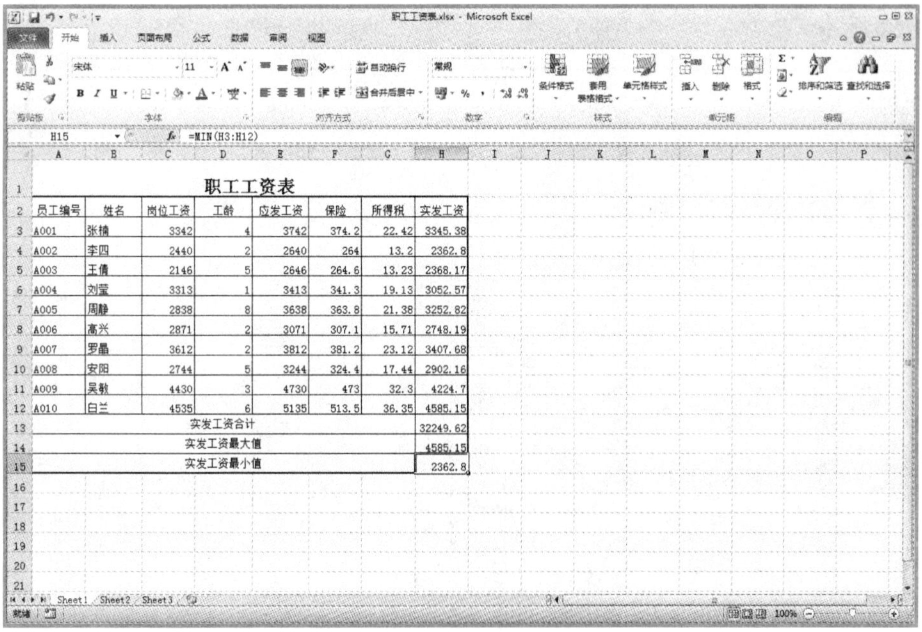

图 4-50 "实发工资最小值"结果

▶ 4. AVERAGE 函数的应用

在"职工工资表"中添加"实发工资平均值"一栏，选中 H16 单元格，单击"开始"选项卡"自动求和"按钮的下拉按钮，在下拉菜单中选择"平均值"命令，如图 4-51 所示。

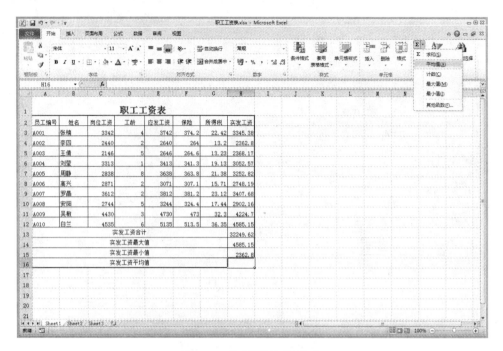

图 4-51　选择"平均值"命令

可以看到单元格 H16 中经插入了 AVERAGE 函数，确认求平均值区域为"H3：H12"，如图 4-52 所示。

图 4-52　确认求平均值区域

"实发工资平均值"结果如图 4-53 所示。

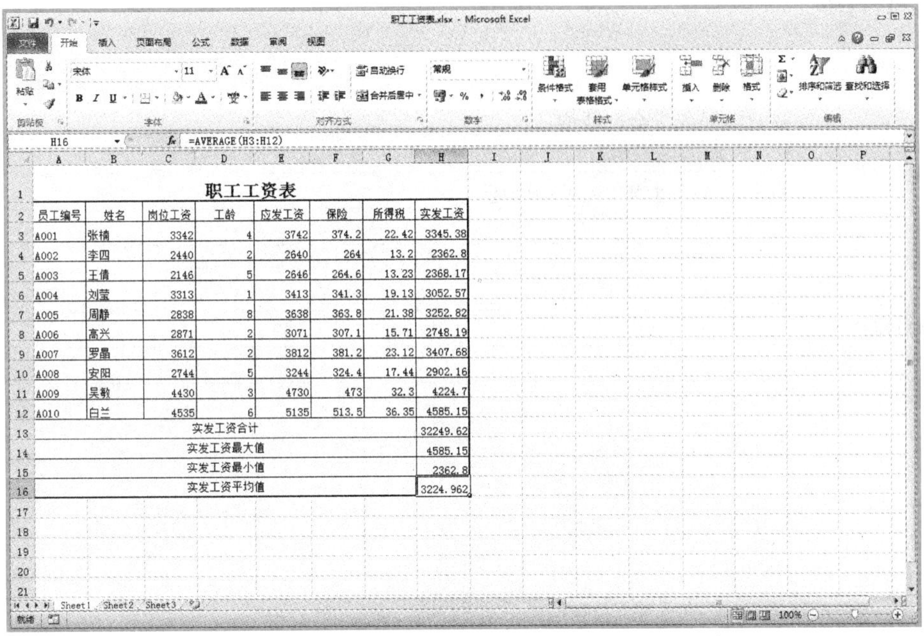

图 4-53 实发工资平均值结果

拓展训练

建立"学生成绩表",如表 4-1 所示,并完成各单元格数据的计算。

表 4-1 学生成绩表

学号	姓名	性别	Java 程序设计	企业数据库管理	桌面应用程序设计	计算机网络技术	中国哲学导论	总分	平均分	总评
01	李小明	男	98	89	69	67	65			
02	张松	男	78	78	89	90	80			
03	柳杰	男	89	85	78	78	70			
04	罗春丽	女	69	78	85	77	80			
05	陈一林	男	98	90	90	79	75			
06	董波	男	97	89	72	75	86			
07	刘建星	男	80	88	91	78	80			
08	李云丽	女	83	78	84	74	93			
09	何欣欣	男	79	84	83	73	89			
10	周浩宇	男	70	83	87	72	85			
11	孙敏	女	75	72	79	76	93			
12	贾函	男	93	77	89	66	89			
13	孙丹	男	85	78	65	78	90			
14	刘云阳	男	80	74	76	79	78			
15	赵艳	女	93	73	85	84	87			
每门课程平均分										
每门课程最高分										
每门课程最低分										

学习评价

自主评价	通过本任务学会的技能：_____ _____ 完成任务的过程中遇到的问题：_____ _____
教师评价	教师评语：_____ _____ _____

任务 3 "电视机销售数据"的数据透视图输出

任务描述

Excel 2010 中提供了丰富的图表功能，能建立多种图表类型，使数据很形象地展示在使用者面前。数据透视图是数据透视表中数据的图形表示形式，这时的数据透视表称为相关联的数据透视表，即为数据透视图提供源数据的数据透视表。在新建数据透视图时，将自动创建数据透视表。如果更改数据透视表的布局，则数据透视图也随之更改。与数据透视表一样，数据透视图也是交互式的。创建数据透视图时，数据透视图将筛选结果显示在图表区，相关联的数据透视表中的任何字段布局更改和数据更改将立即在数据透视图中反映出来。

与标准图表一样，数据透视图可以显示数据系列、类别、数据标记和坐标轴，还可以更改图表类型及其他选项，如标题、图例、位置、数据标签和图表位置。

首次创建数据透视表时可以自动创建数据透视图，也可以基于现有的数据透视表创建数据透视图。

如图 4-54 所示，就是一个简单的统计各月份电视机销售量的数据透视图。

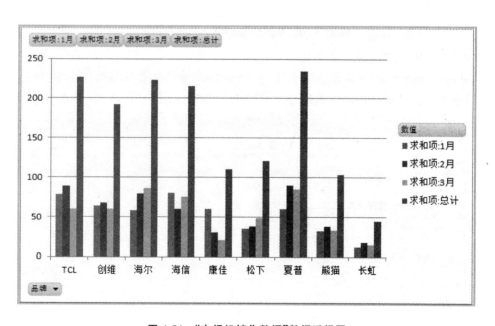

图 4-54 "电视机销售数据"数据透视图

任务实施

▶ 1. 建立数据源

新建 Excel 2010 文件，命名为"电视机销售数据表"，将"sheet1"重命名为"数据源"，在"数据源"表中输入原始数据，如图 4-55 所示。

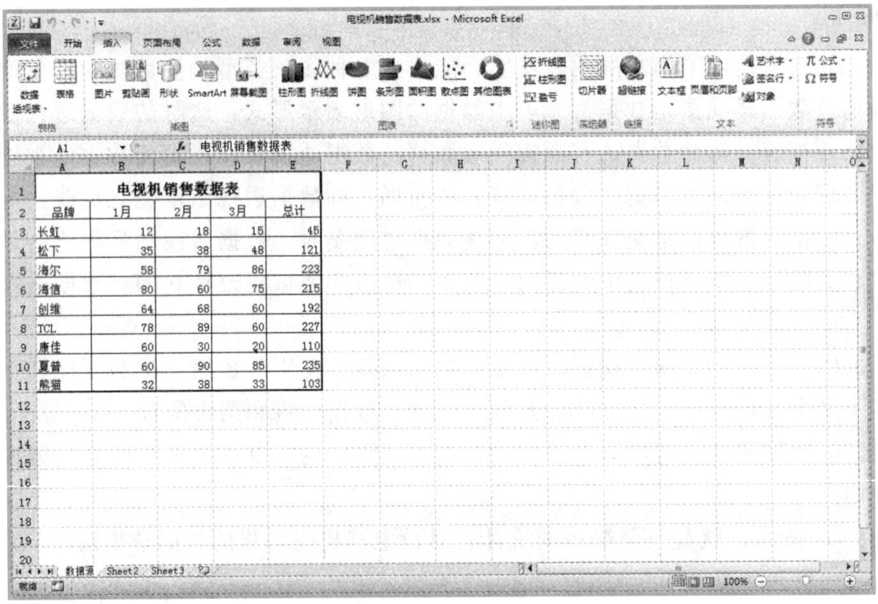

图 4-55　在"数据源"表中输入原始数据

▶ 2. 选择数据透视图保存位置

将"sheet2"重命名为"数据源透视图"，选定"数据源"表中数据区域内任意单元格，单击"插入"选项卡"表格"命令组中的"数据透视表"下拉工具"数据透视图"命令，如图 4-56 所示。

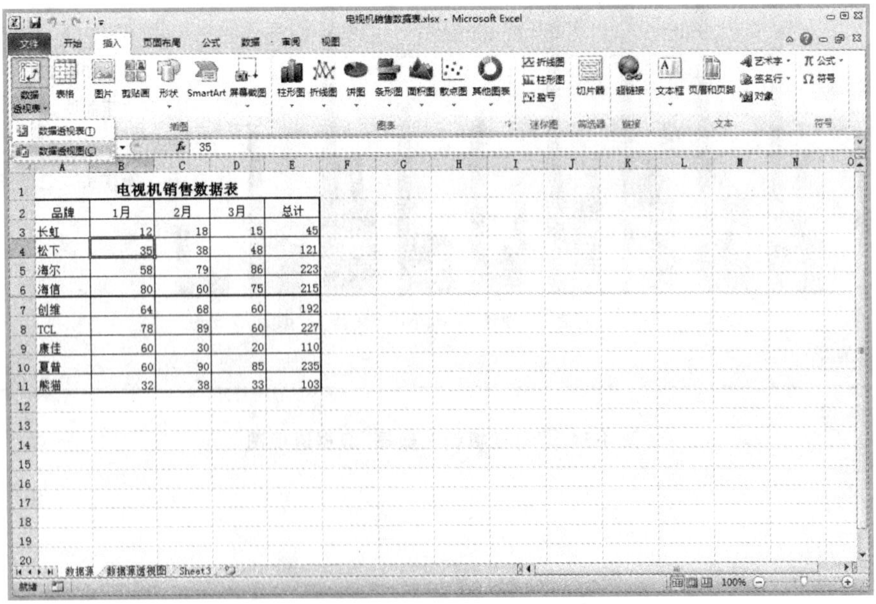

图 4-56　选择"数据透视图"命令

打开"创建数据透视表及数据透视图"对话框，在"请选择要分析的数据"选项中选定"选择一个表或区域"，拖动鼠标选定 A2：E11 单元格区域，如图 4-57 所示。

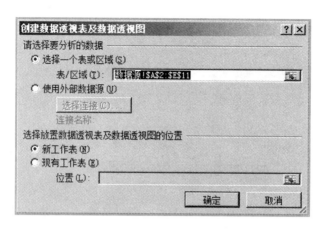

图 4-57　"创建数据透视表及数据透视图"对话框之一

在"选择放置数据透视表的位置"选项组中选定"现有工作表"，单击"现有工作表"下方的  按钮，打开"创建数据透视表及数据透视图"对话框，如图 4-58 所示。

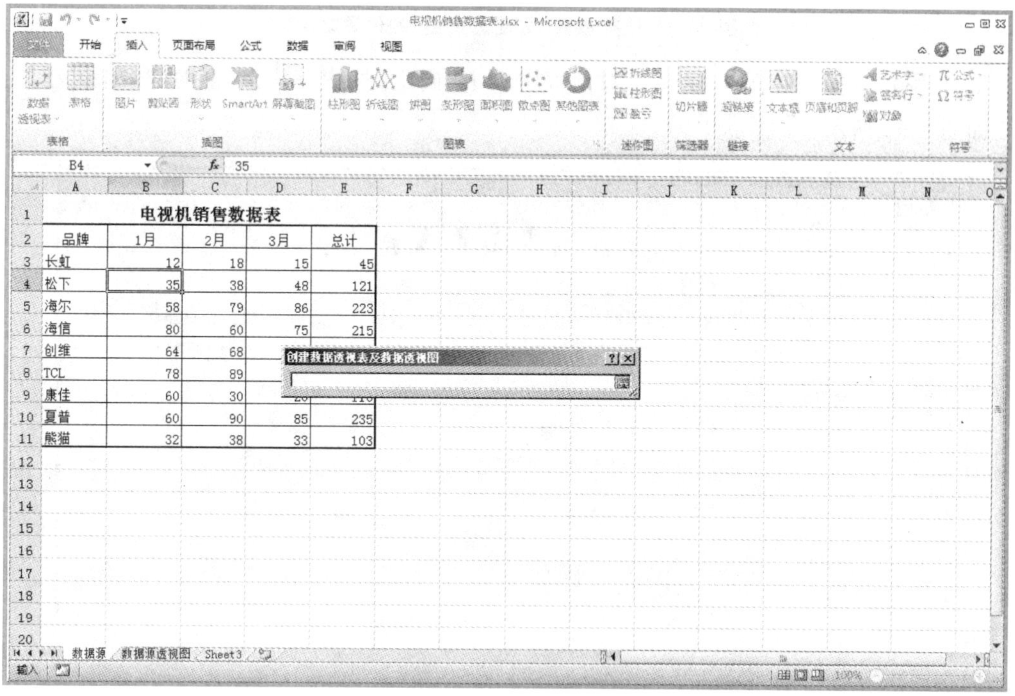

图 4-58　"创建数据透视表及数据透视图"对话框之二

再单击"数据透视图"工作表标签和 A1 单元格，表示建立的数据透视图放置于"数据透视图"工作表中，并从 A1 单元格开始放置，如图 4-59 所示。

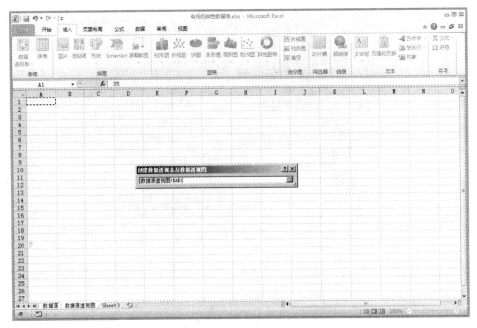

图 4-59　选择放置"数据透视图"的位置之二

单击 按钮，在图 4-57 所示对话框中单击"确定"按钮，进入"数据透视图"制作界面，如图 4-60 所示。

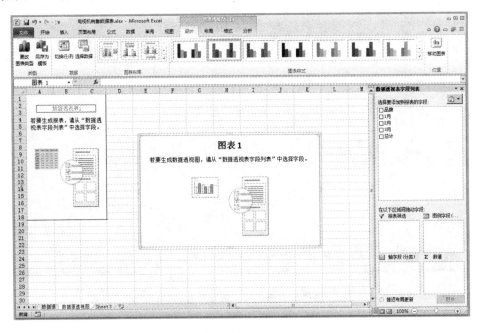

图 4-60　"数据透视图"制作界面

▶ 3. 数据透视图的制作

在窗口的右边，将"品牌"字段拖入"轴字段（分类）"选项区，如图4-61所示。

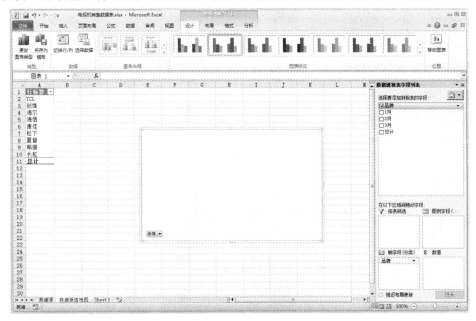

图4-61 添加"轴字段"

将"1月""2月""3月"和"总计"字段分别拖入"数值"选项区，如图4-62所示。

图4-62 "数值"选项区

电视机销售数据透视图制作完成，效果如图 4-63 所示。

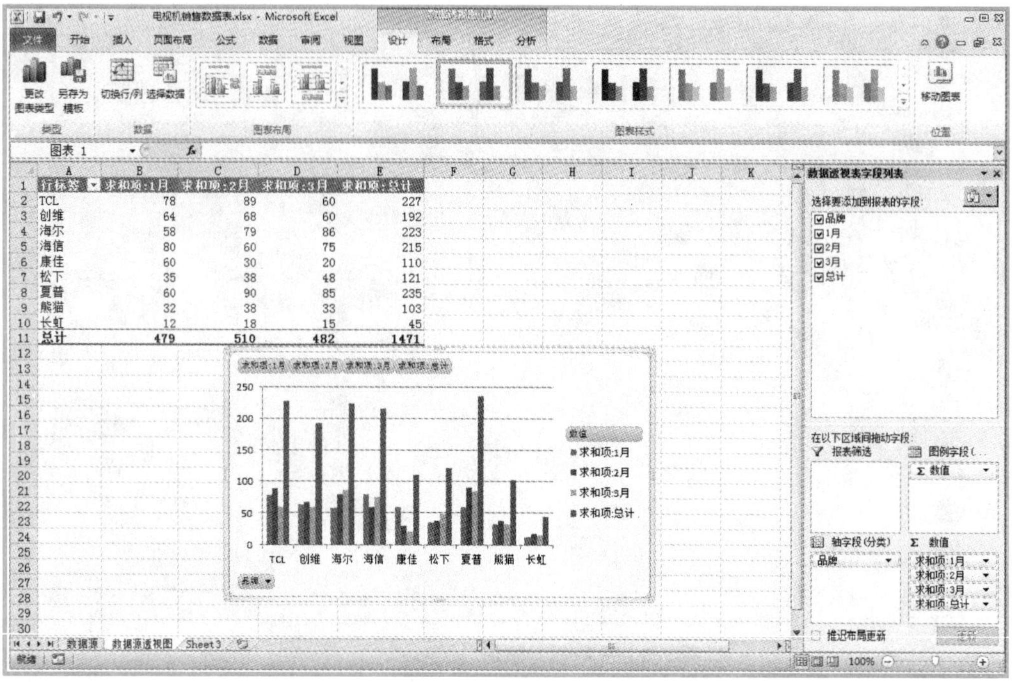

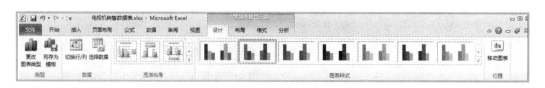

图 4-63　电视机销售数据透视图完成效果

操作技巧

数据透视图可以提供交互式数据分析的图表，可以查看不同级别的明细数据，或通过拖动字段和显示或隐藏字段中的项来重新组织图表的布局。

在创建数据透视图时，可使用多种不同的源数据类型，例如，可以将 Excel 工作表中的数据作为数据透视图的数据来源。该数据应采用列表格式，其列标签应位于第一行，后续行中的每个单元格都应包含与其列标题相对应的数据。目标数据中不得出现任何空行或空列。Excel 会将列标签用作报表中的字段名称。数据透视图具有系列字段、分类字段、页字段和数据字段。

选中图表，在"数据透视图工具"命令组中有"设计""布局""格式"和"分析"四个选项卡，如图 4-64 所示。通过这四个选项卡我们可以对图表进行进一步的设计、布局和美化。

图 4-64　"数据透视图工具"命令组

（1）选中图表，单击"数据透视图工具"→"设计"→"类型"→"更改图表类型"按钮，可以更改图表的类型，以柱形图、折线图、饼图、条形图、面积图、XY（散点图）、股价图、曲面图、圆环图、气泡图和雷达图等形式表现数据，如图4-65所示。

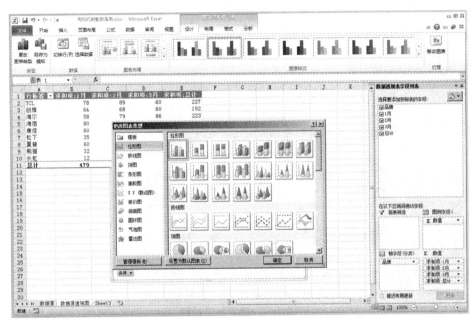

图4-65　更改图表类型

（2）选中图表，单击"数据透视图工具"→"设计"→"数据"→"切换行/列"按钮，可将数据行列值进行交换，交换效果如图4-66所示。

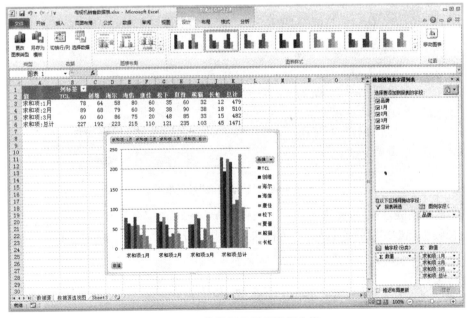

图4-66　将数据行列值进行交换

（3）选中图表，单击"数据透视图工具"→"设计"→"数据"→"选择数据"按钮，可重新选择数据，更新图表数据内容，如图 4-67 所示。

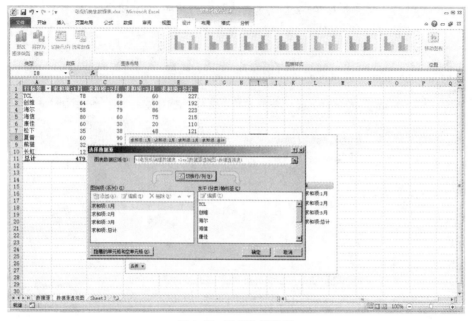

图 4-67　重新选择数据

（4）选中图表，在"数据透视图工具"→"设计"→"图表样式"命令组中，可以选择喜欢的颜色与样式，更改图表色调。

（5）选中图表，在"数据透视图工具"→"设计"→"位置"命令组中，选择"移动图表"按钮，打开"移动图表"对话框，如图 4-68 所示。选择"新工作表"，将图表移动到新工作表中，以工作表的形式体现；选择"对象位于"，图表以对象的形式出现在工作表中。

图 4-68　"移动图表"对话框

（6）选中图表，在"数据透视图工具"→"布局"→"标签"命令组中，可以通过"图表标题""坐标轴标题""图例""数据标签"等按钮对图表进行设置，如图 4-69 所示。

图 4-69　"标签"命令组

拓 展 训 练

根据"某大学教师学历统计表"，如图 4-70 所示，制作图 4-71 所示"教师学历情况图"。

某大学教师学历统计表			
类别编号	学历	人数	所占比例
1001	本科	150	18.52%
1002	硕士	392	48.40%
1003	博士	268	33.09%
	总计	810	

图 4-70　某大学教师学历统计表

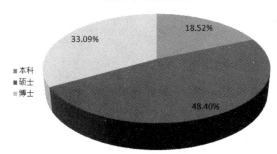

图 4-71　教师学历情况图

学 习 评 价

自主评价	通过本任务学会的技能：_____ 完成任务的过程中遇到的问题：_____ _____
教师评价	教师评语：_____ _____

PowerPoint 2010
演示文稿制作

任务 1 | 制作"杜甫诗集"演示文稿

任务描述

本任务主要通过制作"杜甫诗集"演示文稿来学习 PowerPoint 2010 的基本操作，主要包括幻灯片的新建和编辑，完成效果如图 5-1 所示。

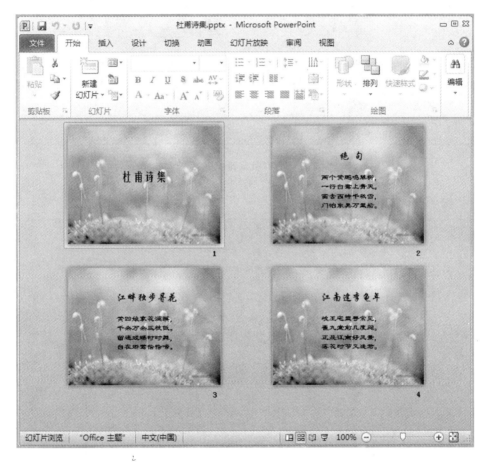

图 5-1 "杜甫诗集"演示文稿完成效果

任务实施

▶ 1. 新建幻灯片

新建 PowerPoint 2010 演示文稿，命名为"杜甫诗集"，如图 5-2 所示。

打开"杜甫诗集"演示文稿，此时已经默认新建了一张幻灯片，添加标题"杜甫诗集"，并设置标题的字体为方正姚体、字号为 54，如图 5-3 所示。

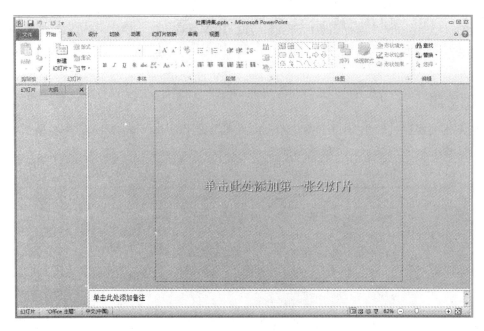

图 5-2　新建"杜甫诗集"演示文稿

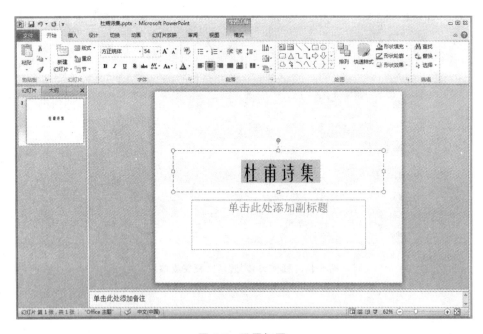

图 5-3　设置标题

如果需要添加更多的幻灯片，有 3 种添加幻灯片的方法，分别是右键新建、快捷键新建(Ctrl＋M)和功能区新建。前两种默认新建"标题和内容"幻灯片，而在功能区新建里面，可以选择多种组合方式，如图 5-4 所示。

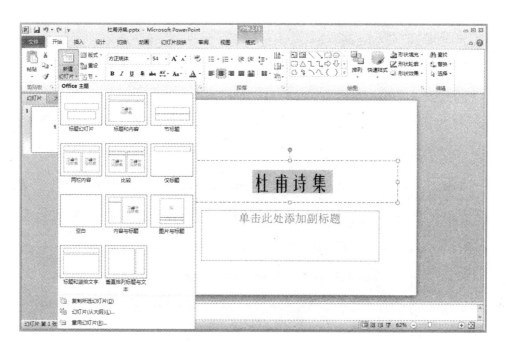

图 5-4   功能区新建幻灯片

▶ 2. 插入幻灯片内容

功能区新建里可以直接选择需要的版式，也可以新建空白幻灯片，自己对版式进行设计。此处新建一张空白幻灯片，如图 5-5 所示。

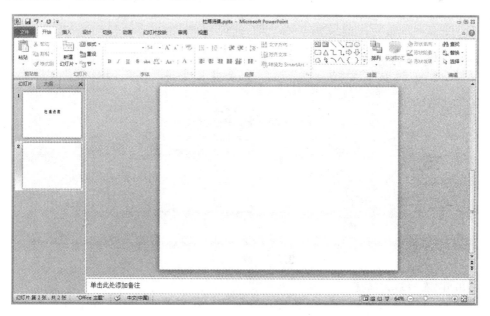

图 5-5   新建空白幻灯片

在幻灯片中插入一个文本框，输入杜甫的诗《绝句》，字体、字号等可根据自己喜好进行设置，如图 5-6 所示。

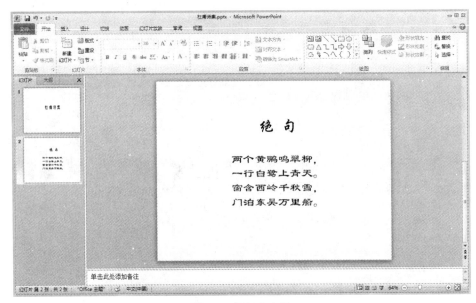

图 5-6　插入文本框

同样的办法添加幻灯片，输入杜甫的诗《江畔独步寻花》和《江南逢李龟年》，如图 5-7 所示。

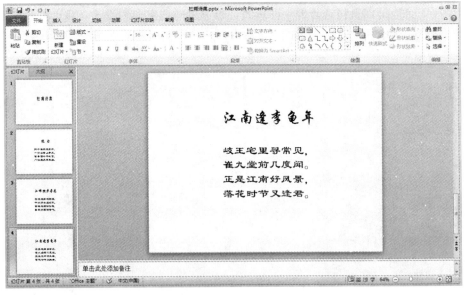

图 5-7　添加幻灯片

▶ 3. 设置幻灯片背景

插入文字和图片之后，可以对幻灯片背景进行修改，使幻灯片更加美观。可以选择"设计"选项卡里面的"背景样式"按钮改变幻灯片的背景，也可以直接右击，在快捷菜单中选择"设置背景格式"命令，如图 5-8 所示。打开"设置背景格式"对话框，可以选择纯色填充、渐变填充、图片或纹理填充、图案填充等填充方式，此处选择"图片或纹理填充"，如图 5-9 所示。

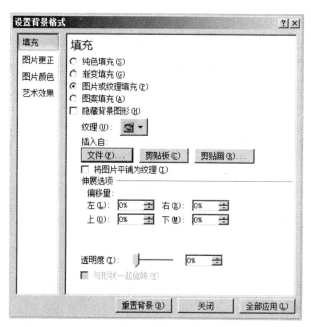

图 5-8　选择"设置背景格式"命令　　　　图 5-9　"设置背景格式"对话框

在"插入"选项卡中单击"图片"命名，选择要作为背景的图片，并单击"全部应用"按钮，此时全部幻灯片中的背景图片都为当前所选图片，如图 5-10 所示。

图 5-10　设置背景图片

PowerPoint 2010 演示文稿中的段落格式设置、插入页眉与页脚等操作与 Word 2010 中的操作类似，这里不再详述。

操作技巧

幻灯片制作好之后，可以在幻灯片之间进行顺序调换、删除等操作，幻灯片的选择方法有四种：单选、连选（按 Shift 键选择）、挑选（按 Ctrl 键选择）和全选（按 Ctrl＋A 组合键选择）。移动方法有两种：直接拖拽（用在源地址与目标地址都可视的情况下）、剪切→粘贴（用于源地址或目标地址不能看到的情况下）。复制方法有四种：复制→粘贴、功能区→复制所选幻灯片、按 Ctrl＋D 组合键和按 F4 键。删除方法有两种：右键删除和快捷键删除（按 Delete 键）。

拓展训练

自己制作"李白诗集"演示文稿，至少包含 3～5 张幻灯片，并为幻灯片添加背景图片，对幻灯片中的内容进行版式设计。

学习评价

自主评价	通过本任务学会的技能：_____ 完成任务的过程中遇到的问题：_____
教师评价	教师评语：_____

任务 2　演示文稿的播放与保存

任务描述

掌握演示文稿的播放与保存的操作。

任务实施

▶ 1. 演示文稿的播放

当我们完成幻灯片的制作后，可以对其进行播放。播放幻灯片有三种方式。

(1) 单击"幻灯片放映"选项卡，选择"从头开始"或"从当前幻灯片开始"播放，如图 5-11 所示。

(2) 使用快捷键 F5(从头开始)或 Shift＋F5(从当前幻灯片开始)播放。

(3) 在状态栏单击"幻灯片放映"按钮 ，从当前开始播放。

图 5-11　"幻灯片放映"选项卡

▶ 2. 演示文稿的保存

如果需要在其他设备上进行播放，可以对其进行保存。单击"文件"，选择"另存为"命令，如图 5-12 所示，打开"另存为"对话框，指定相应的保存路径。

文档格式可以选择"PowerPoint 演示文稿"，也可以选择"PowerPoint 放映"，如图 5-13所示，后者只能进行幻灯片的放映而不能再次对内容进行更改。

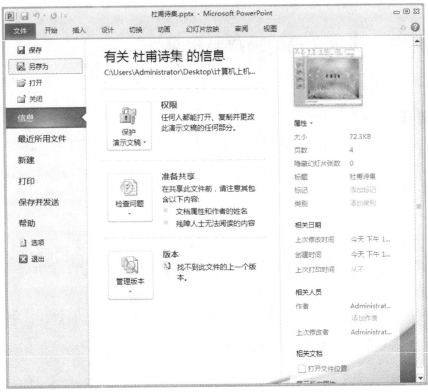

图 5-12　选择"另存为"命令

图 5-13　选择保存文档的格式

操作技巧

选择"切换"选项卡，可以在"切换到此幻灯片"命令组中设置幻灯片的切换效果，还可以在"计时"命令组中设置幻灯片播放时的声音、持续时间和换片方式等，如图 5-14 所示。

图 5-14　设置幻灯片的切换效果

拓展训练

将自己制作的"李白诗集"演示文稿保存，并给其他同学进行播放演示。

学习评价

自主评价	通过本任务学会的技能： ＿＿＿＿＿＿＿＿＿＿＿＿＿＿＿＿＿＿＿＿＿＿＿＿ 完成任务的过程中遇到的问题： ＿＿＿＿＿＿＿＿＿＿＿＿＿＿＿＿＿＿＿＿＿ ＿＿＿＿＿＿＿＿＿＿＿＿＿＿＿＿＿＿＿＿＿＿＿＿＿＿＿＿＿＿＿＿＿＿＿＿＿
教师评价	教师评语： ＿＿＿＿＿＿＿＿＿＿＿＿＿＿＿＿＿＿＿＿＿＿＿＿＿＿＿＿＿＿＿ ＿＿＿＿＿＿＿＿＿＿＿＿＿＿＿＿＿＿＿＿＿＿＿＿＿＿＿＿＿＿＿＿＿＿＿＿＿ ＿＿＿＿＿＿＿＿＿＿＿＿＿＿＿＿＿＿＿＿＿＿＿＿＿＿＿＿＿＿＿＿＿＿＿＿＿

计算机网络与Internet应用

任务 1 IE 浏览器的基本操作

任务描述

随着计算机和网络技术的飞速发展，当今社会已经进入信息时代，网络信息资源成为人们工作和生活中不可或缺的重要资源。计算机网络，简单地说就是把分布在不同地理区域的独立式计算机以专门的外部设备利用通信线路互连成一个功能强大的大规模网络系统，从而使众多的计算机可以方便地互相传递信息，进行资源共享。

IE 是 Internet Explorer 的简称，是 Windows 操作系统自带的浏览器，其作用简单地说就是上网查看网页、浏览信息，除此之外，还可以进行文件下载、收发电子邮件等。

任务实施

▶ 1. Internet 选项的设置

1）主页设置

打开 IE 浏览器，选择"工具"→"Internet 选项"命令，打开"Internet 选项"对话框，如图 6-1 所示。在"常规"选项卡"主页"一栏中输入 www.baidu.com，单击"应用"按钮，即可将 www.baidu.com 设为主页，以后每次打开 IE 浏览器，就会自动打开 www.baidu.com 网站。

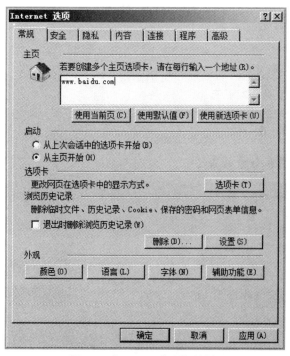

图 6-1 "Internet 选项"对话框

2）安全设置

单击 IE 浏览器，选择"工具"→"Internet 选项"命令，打开"Internet 选项"对话框的"安全"选项卡，如图 6-2 所示。在"该区域的安全级别"选项区移动滑块设置不同的安全级别，注意其不同的安全性能，单击"应用"按钮，完成安全设置。

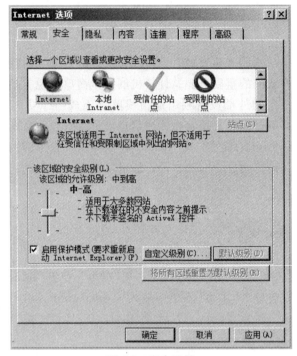

图 6-2　安全设置

▶ 2．用 IE 浏览器浏览网页

1）浏览网页信息

打开 IE 浏览器，在浏览器的地址栏中输入 www.tech.net.cn，即可进入中国高职高专教育网网站主页，如图 6-3 所示。

图 6-3　中国高职高专教育网网站主页

2) 保存网页

在中国高职高专教育网网站主页上单击"习近平：把思想政治工作贯穿教育教学全过程"链接，即可打开相关网页，如图 6-4 所示。

图 6-4　"习近平：把思想政治工作贯穿教育教学全过程"网页

选择"文件"菜单"另存为"命令，打开"保存网页"对话框，将网页保存在桌面上，如图 6-5 所示。

▶ 3. 收藏夹的使用

在网上浏览时，人们总希望将喜爱的网页地址保存起来以备使用。IE 的收藏夹提供了保存 Web 页面地址的功能。收藏夹有两个明显的优点：第一，保存到收藏夹的网页地址可由浏览者给定一个简明的、便于记忆的名字，当鼠标指针指向此名字时，会同时显示对应的 Web 页地址，单击该名字就可以转到相应的 Web 页，省去了在地址栏键入地址的操作；第二，收藏夹很像资源管理器，管理、操作都很方便。掌握收藏夹的操作对提高浏览网页的效率是很有益的。

（1）打开 www.163.com 网站，选择"收藏夹"→"添加收藏夹"命令，打开"添加收藏"对话框，如图 6-6 所示。在"名称"文本框中输入"网易"，单击"添加"按钮，即可把 www.163.com 网站保存到收藏夹里。

图 6-5　保存网页

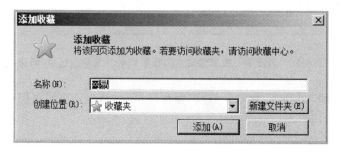

图 6-6　"添加收藏"对话框

　　关闭 IE 浏览器，再重新打开浏览器，选择"收藏夹"→"网易"命令，即可直接打开 www.163.com 网页，如图 6-7 所示。

　　(2) 选择"收藏夹"→"整理收藏夹"命令，打开"整理收藏夹"对话框，新建"电子邮箱"文件夹，如图 6-8 所示。

　　在地址栏输入 www.126.com，打开 126 免费邮箱网站，选择"收藏夹"→"添加收藏夹"命令，打开"添加收藏"对话框，设置名称为"126 邮箱"，创建位置为"电子邮箱"文件夹，如图 6-9 所示，单击"添加"按钮。

　　再次打开 IE 浏览器时，可通过菜单栏"收藏夹"→"电子邮箱"直接打开 www.126.com 网页。

图 6-7 通过收藏夹打开网易主页

图 6-8 新建"电子邮箱"文件夹

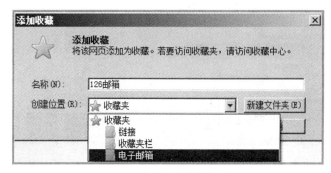

图 6-9 "添加收藏"对话框

147

▶ 4. 搜索引擎的使用

1）通过百度搜索引擎搜索

打开 www.baidu.com 网页，进入百度搜索引擎，如图 6-10 所示。

图 6-10　百度搜索引擎

在文本框中输入关键字"教学改革"，单击"百度一下"，可搜索出相关信息，如图 6-11 所示。单击不同的链接，可浏览相关的信息。

图 6-11　"教学改革"相关信息

2）通过知网检索

如果想要检索专业论文或者成果方面的内容，可以通过专业性质较强的网站进行检索，如中国知网。在地址栏输入 www.cnki.net 进入中国知网首页，如图 6-12 所示。完成注册后，可以享受中国知网会员的权限，可以在本站检索相关论文，了解相关信息。

图 6-12　通过知网检索

操作技巧

IE 浏览器会自动将浏览过的网页地址按日期先后保留在历史记录中，以备查用。灵活利用历史记录也可以提高浏览效率。历史记录保留期限（天数）的长短可以设置，如果磁盘空间充裕，保留天数可以多些，否则可以少一些。用户也可以随时删除历史记录。下面简单介绍历史记录的利用和设置。

▶ 1. 历史记录的浏览

（1）在 IE 窗口上单击 ⭐ 图标，IE 窗口左侧会打开一个查看收藏夹、源和历史记录的窗口，打开"历史记录"选项卡，如图 6-13 所示。

（2）在"历史记录"选项卡中，历史记录的排列方式包括按日期查看、按站点查看、按访问次数查看、按今天的访问顺序查看，以及搜索历史记录，如图 6-14 所示。

（3）在默认的"按日期查看"方式下，单击指定日期即可进入下一级文件夹，查看指定日期的历史记录。

（4）单击访问过的网页地址图标，就可以打开此网页进行浏览。

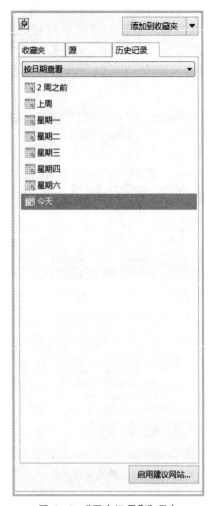

图 6-13 "历史记录"选项卡

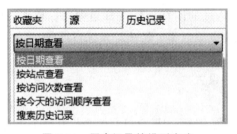

图 6-14 历史记录的排列方式

▶ 2. 历史记录的设置和删除

对历史记录设置保存天数和删除的操作如下：

（1）单击"工具"→"Internet 选项"命令，打开"Internet 选项"对话框。

（2）在"常规"选项卡中单击"浏览历史记录"组中的"设置"命令，如图 6-15 所示。在"网站数据设置"对话框"历史记录"选项卡中，设置"在历史记录中保存网页的天数"，系统默认为 20 天，如图 6-16 所示。

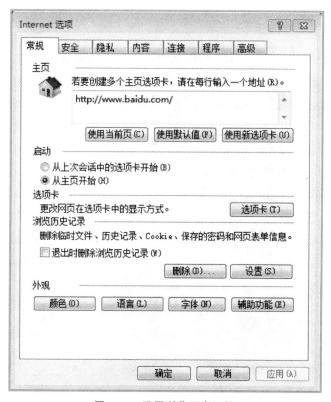

图 6-15　设置浏览历史记录

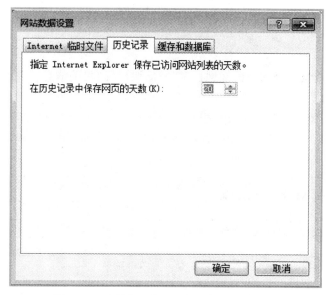

图 6-16　设置在历史记录中保存网页的天数

（3）如果要删除所有的历史记录，可在"Internet 选项"对话框"常规"选项卡中单击"删除"按钮，在"删除浏览历史记录"对话框中选择要删除的内容，如图 6-17 所示。如果勾选了"历史记录"，就可以清除所有的历史记录（注意，这个删除操作会立刻生效）。

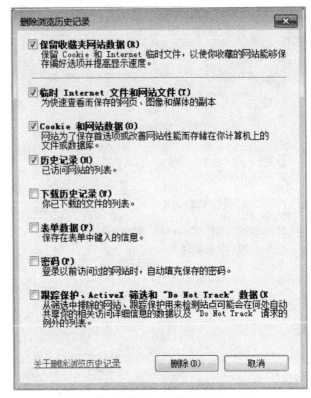

图 6-17 "删除浏览历史记录"对话框

（4）单击"确定"按钮，关闭"Internet 选项"对话框。

拓 展 训 练

分别通过百度搜索引擎和中国知网检索"精品课程"的相关信息，并将相关网页添加到收藏夹。

学 习 评 价

自主评价	通过本任务学会的技能：_____ 完成任务的过程中遇到的问题：_____ _____
教师评价	教师评语：_____ _____ _____

任务 2 使用 Outlook 2010 收发邮件

任务描述

Outlook 2010 是 Office 2010 的组件之一，它对 Windows 7 操作系统自带的 Outlook express 功能进行了扩充。Outlook 2010 的功能有很多，可以用它来收发电子邮件、管理联系人信息、记日记、安排日程、分配任务等。本任务主要介绍如何使用 Outlook 2010 收发电子邮件和对电子邮件进行处理。

任务实施

▶ 1. 添加账户

想要利用 Outlook 2010 收发电子邮件，首先必须拥有一个邮件账户。打开 Outlook 2010，选择"文件"选项卡"信息"命令，并在右侧界面单击"添加账户"按钮，如图 6-18 所示。

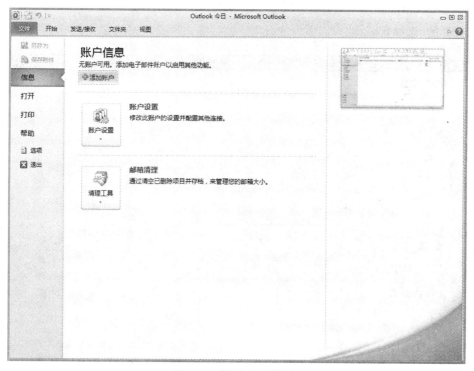

图 6-18　"添加账户"按钮

打开"添加新账户"对话框，选择"电子邮件账户"，单击"下一步"按钮，如图 6-19 所示。

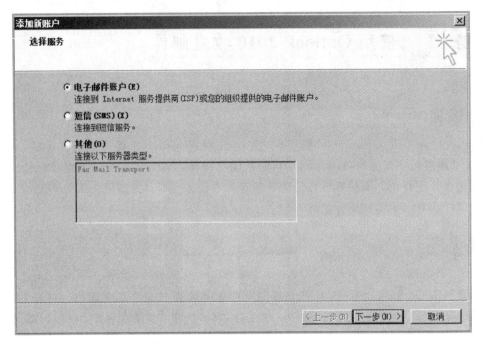

图 6-19　"添加新账户"对话框

在打开的"添加新账户"对话框中进行电子邮件账户设置，如图 6-20 所示。

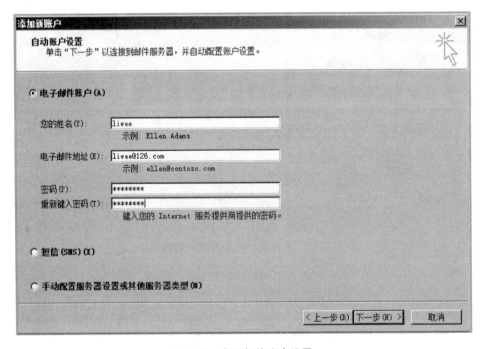

图 6-20　电子邮件账户设置

单击"下一步"按钮，系统会以自动加密的形式对服务器进行配置，如图 6-21 所示。

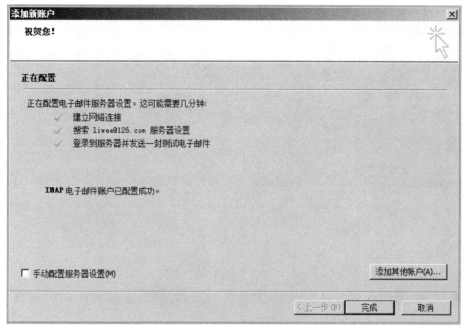

图 6-21　电子邮件配置成功

▶ 2. 收取邮件

邮件账户添加完成后，就可以使用邮件与其他人进行通信了。每次启动 Outlook 2010，系统都将自动从电子邮箱中读取电子邮件。可以在 Outlook 2010 工作界面的内容显示区查看邮件，也可以双击邮件窗口进行查看。如果有附件，可以单击附件的名称进行查看。

（1）启动 Outlook 2010，在"收藏夹"下拉列表中单击"收件箱"按钮，在任务窗口的"收件箱"邮件列表中单击需要阅读的邮件，即可在内容显示区阅读邮件内容，如图 6-22 所示。

图 6-22　在内容显示区阅读邮件内容

（2）也可以在邮件列表中双击需要打开的邮件名称，在打开的窗口中查看邮件内容，如图 6-23 所示。

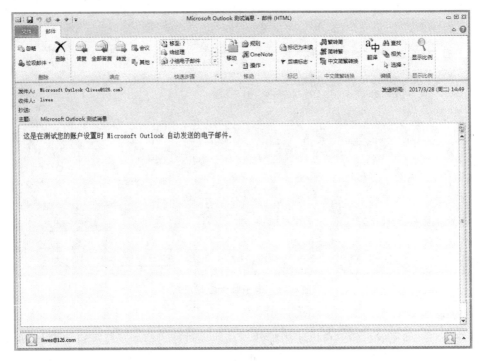

图 6-23　打开邮件窗口

▶ 3. 撰写和发送邮件

启动 Outlook 2010，在"开始"选项卡中单击"新建电子邮件"按钮，如图 6-24 所示。

图 6-24　单击"新建电子邮件"按钮

打开"未命名—邮件"窗口进行邮件的撰写和编辑，如图 6-25 所示。

在"收件人""抄送"和"主题"文本框中输入相应的内容，并在邮件正文编辑区撰写邮件正文。如果需要添加附件，可选择"邮件"选项卡"添加"命令组中的"添加文件"命令，打开"插入文件"对话框，选择需要添加的附件，如图 6-26 所示。

此时，"未命名—邮件"窗口中会出现"附件"栏，其中有刚才所添加的附件，如图 6-27 所示。

确认邮件内容无误后，单击"发送"按钮，即可完成邮件的发送，之后邮件窗口自动关闭。

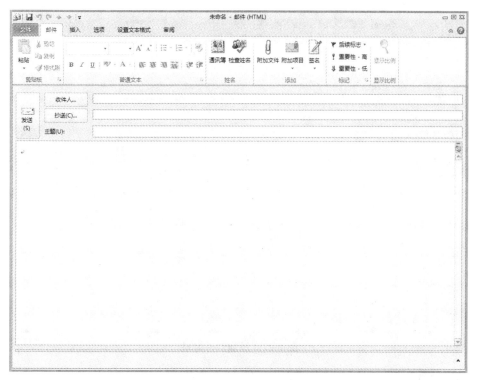

图 6-25 "未命名-邮件"窗口

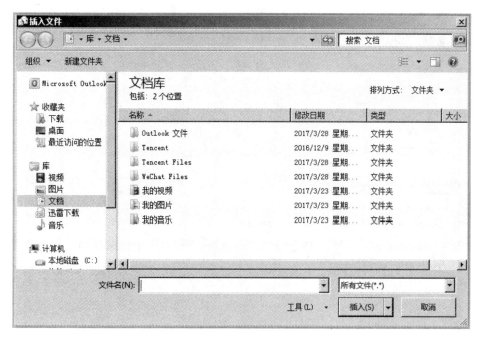

图 6-26 添加附件

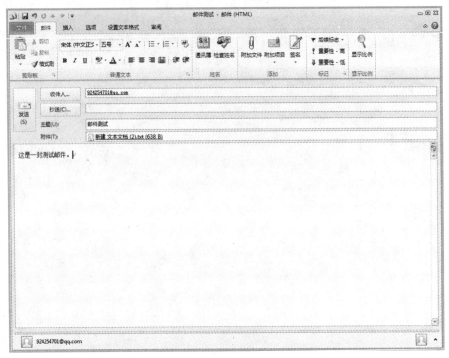

图 6-27　添加附件完成

▶ 4. 转发邮件

启动 Outlook 2010，在"开始"选项卡中单击"转发"按钮，即可打开转发邮件的窗口，如图 6-28 所示。输入收件人，进行邮件内容的编辑，单击"发送"按钮就可以完成邮件的转发。

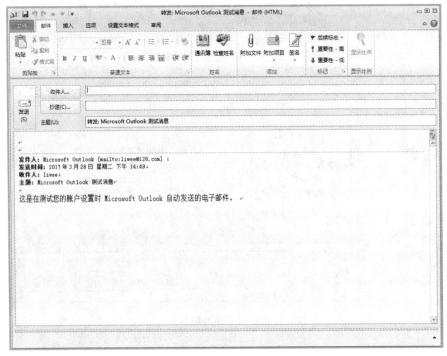

图 6-28　邮件的转发

▶ 5. 回复邮件

启动 Outlook 2010，在"开始"选项卡中单击"答复"按钮，即可打开答复邮件的窗口，如图 6-29 所示。此时，收件人默认为要答复邮件的发件人，进行邮件内容的编辑，单击"发送"按钮就可以完成邮件的回复。

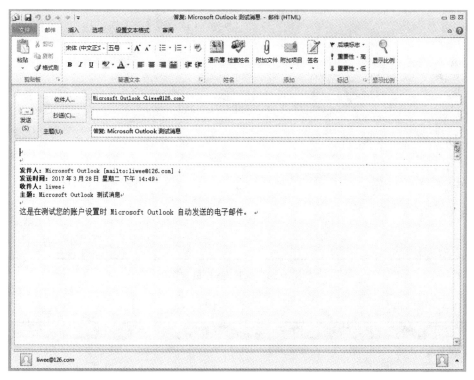

图 6-29 邮件的回复

▶ 6. 删除邮件

在默认状态下，Outlook 2010 将对收取的邮件和已发送的邮件进行自动保存，从而占用大量的计算机空间，可以根据实际需要将一些邮件删除掉。启动 Outlook 2010，选中要删除的邮件，单击"开始"选项卡的"删除"按钮，即可将邮件删除。

操作技巧

▶ 1. 邮件的备份

实际应用中，经常因为种种原因更换电脑或者重装电脑操作系统，此时可以对 Outlook 2010 中的邮件进行备份。

启动 Outlook 2010，选择"文件"选项卡的"账户设置"命令，如图 6-30 所示。

打开"账户设置"对话框，在"数据文件"选项卡中单击"打开文件位置"按钮，如图 6-31 所示。

打开"Outlook 文件"对话框，即为包含数据文件的文件夹，找到目前的数据文件，默认名称为 Outlook.pst，如图 6-32 所示。复制该文件至 F 盘，并重命名为 Outlook-new.pst 即可完成邮件数据的备份。

图 6-30　选择"账户设置"

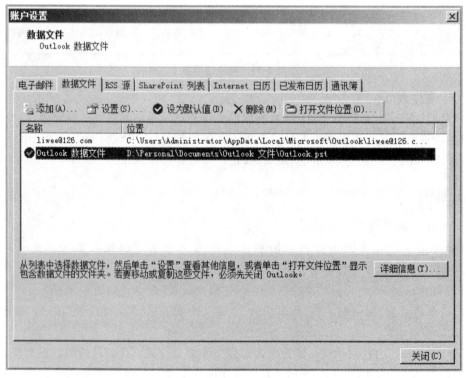

图 6-31　"数据文件"选项卡

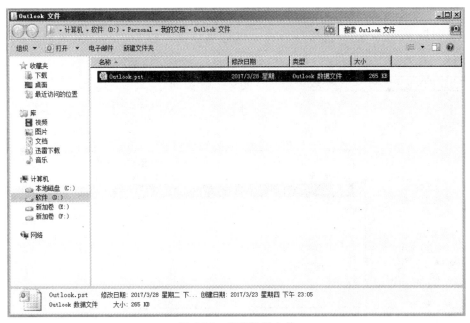

图 6-32　当前数据文件

▶ 2. 备份文件的添加

启动 Outlook 2010，并选择"文件"选项卡单击"账户设置"按钮，在"账户设置"对话框的"数据文件"选项卡中单击"添加"按钮，如图 6-33 所示。

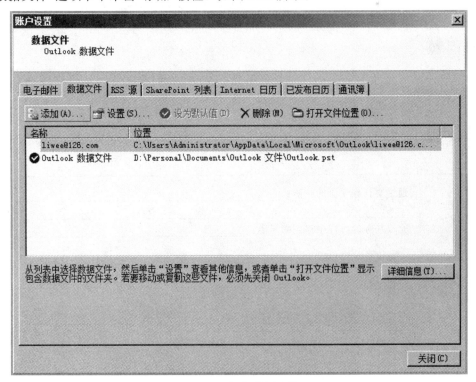

图 6-33　添加数据文件

打开"创建或打开 Outlook 数据文件"对话框，选择刚刚保存在 F 盘的 Outlook-new.pst 文件，单击"确定"按钮即可将备份的邮件添加到 Outlook 2010 中，如图 6-34 所示。

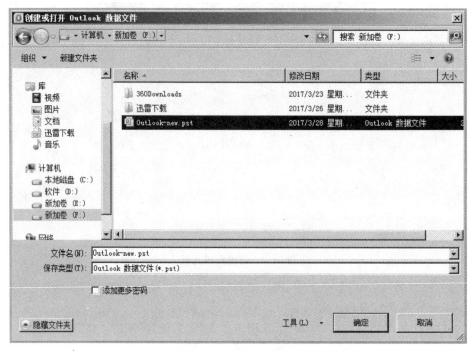

图 6-34 "创建或打开 Outlook 数据文件"对话框

拓展训练

对电脑上的 Outlook 2010 软件进行设置，并通过 Outlook 2010 将"班级课程表"文件发送给其他同学。

学习评价

自主评价	通过本任务学会的技能：_____ 完成任务的过程中遇到的问题：_____ _____
教师评价	教师评语：_____ _____ _____

任务 3　杀毒软件的安装与使用

任务描述

信息安全已经成为互联网生活中不可忽视的一个问题。信息安全的实质就是要保护信息系统或信息网络中的信息资源免受各种类型的威胁、干扰和破坏，保证信息的安全性。日常使用的电脑经常上网浏览网页，下载电影、音乐，购物和办公使用，需要安装杀毒软件和安全卫士来管理电脑系统的安全。

任务实施

▶ 1. 360 杀毒软件

1）下载杀毒软件

在百度中输入"360杀毒软件"进行搜索，如图 6-35 所示。

图 6-35　搜索杀毒软件

进入 360 杀毒软件官方的下载中心，进行软件下载，如图 6-36 所示。

图 6-36　下载 360 杀毒软件

2）安装杀毒软件

下载完成后，选择安装目录，进行杀毒软件的安装，如图 6-37 所示。

图 6-37　安装 360 杀毒软件

3）杀毒软件的使用

安装完成后，要对计算机进行扫描杀毒，如图 6-38 所示。

图 6-38　使用 360 查杀病毒

▶ 2. 360 安全卫士

除了安装杀毒软件之外，还可以通过安装 360 安全卫士来更有效地防范和查杀木马，保护系统安全。

进入360安全卫士官网，下载软件，并按照安装杀毒软件的方法进行安装，如图6-39所示。

图6-39　下载360安全卫士

1）电脑体检

启动360安全卫士时，用户可以对电脑进行体检，单击"立即体检"按钮，即可全面检查电脑的各项状况。体检完成后，会提交用户一份优化电脑的意见，用户可以根据需求对电脑进行优化，也可以便捷地选择一键修复，如图6-40所示。

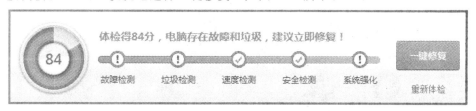

图6-40　360安全卫士电脑体检功能

2）木马查杀

木马查杀功能可以找出电脑中疑似木马的程序，并在用户允许的情况下删除这些程序，如图6-41所示。

图6-41　360安全卫士木马查杀功能

3）电脑清理

电脑清理可帮助用户清理无用的垃圾、上网痕迹和各种插件等，使电脑更快、更干净，提升磁盘可用空间。Cookies 功能可清理网页浏览、邮箱登录、搜索引擎等产生的Cookie，避免隐私泄露；上网痕迹功能清理浏览器上网、观看视频等留下的痕迹，保护隐私安全；电脑插件功能清理电脑中各类插件，减少打扰，提高系统和浏览器运行速度；注册表功能清理无效注册表项，使系统运行更加稳定流畅；软件清理功能瞬间清理各类推广、弹窗、广告、不常用软件等，节省磁盘空间，如图 6-42 所示。

图 6-42　360 安全卫士电脑清理功能

操作技巧

（1）杀毒软件不可能查杀所有病毒。

（2）杀毒软件能查到的病毒，不一定能杀掉。

（3）一台电脑每个操作系统下不必同时安装两套或两套以上的杀毒软件，除非有兼容或绿色版，其实很多杀毒软件兼容性很好，国产杀毒软件几乎不用担心兼容性问题，另外建议查看不兼容的程序列表。

（4）杀毒软件对被感染的文件杀毒有多种方式：清除、删除、禁止访问、隔离和不处理。

清除：清除被感染文件中的病毒，清除病毒后文件恢复正常。相当于人生病，清除是给这个人治病，删除是人生病后直接杀死。

删除：删除病毒文件。这类文件不是被感染的文件，本身就含毒，无法清除，可以删除。

禁止访问：禁止访问病毒文件。在发现病毒后用户如选择不处理则杀毒软件可能将病毒禁止访问。用户打开时会弹出错误对话框，提示信息是"该文件不是有效的 Win32 文件"。

隔离：病毒删除后转移到隔离区。用户可以从隔离区找回删除的文件。隔离区的文件不能运行。

不处理：不处理该病毒。如果用户暂时不知道是不是病毒可以暂时先不处理。

大部分杀毒软件是滞后于计算机病毒的。所以，除了及时更新升级软件版本和定期扫描外，还要注意充实自己的计算机安全以及网络安全知识，做到不随意打开陌生的文件或者不安全的网页，不浏览不健康的网站，注意更新自己的隐私密码，配套使用安全助手与个人防火墙等。这样才能更好地维护好自己的电脑和网络的安全。

拓展训练

（1）在计算机中安装杀毒软件，并进行全盘查杀。

（2）对插入计算机的U盘进行杀毒。

（3）对下载的文件进行杀毒。

学习评价

自主评价	通过本任务学会的技能： _____ _____ 完成任务的过程中遇到的问题： _____ _____
教师评价	教师评语： _____ _____ _____

计算机等级考试基本要求
（一级计算机基础及MS Office应用）

一、具体要求

1. 具备使用微型计算机的基础知识（包括计算机病毒的防治常识）。

2. 了解微型计算机系统的组成和各部分的功能。

3. 了解操作系统的基本功能和作用，掌握 Windows 的基本操作和应用。

4. 了解文字处理的基本知识，熟练掌握文字处理 Word 的基本操作和应用，熟练掌握一种汉字（键盘）输入方法。

5. 了解电子表格软件的基本知识，掌握电子表格软件 Excel 的基本操作和应用。

6. 了解多媒体演示软件的基本知识，掌握演示文稿制作软件 PowerPoint 的基本操作和应用。

7. 了解计算机网络的基本概念和因特网（Internet）的初步知识，掌握 IE 浏览器软件和 Outlook 软件的基本操作和使用。

二、考试内容

（一）计算机基础知识

1. 计算机的发展、类型及其应用领域。

2. 计算机中数据的表示、存储与处理。

3. 多媒体技术的概念与应用。

4. 计算机病毒的概念、特征、分类与防治。

5. 计算机网络的概念、组成和分类，计算机与网络信息安全的概念和防控。

6. 因特网网络服务的概念、原理和应用。

（二）操作系统的功能和使用

1. 计算机软、硬件系统的组成及主要技术指标。

2. 操作系统的基本概念、功能、组成及分类。

3. Windows 操作系统的基本概念和常用术语，文件、文件夹、库等。

4. Windows 操作系统的基本操作和应用：

（1）桌面外观的设置、基本的网络配置。

（2）熟练掌握资源管理器的操作与应用。

（3）掌握文件、磁盘、显示属性的查看、设置等操作。

（4）中文输入法的安装、删除和选用。

（5）掌握检索文件、查询程序的方法。

（6）了解软、硬件的基本系统工具。

（三）文字处理软件的功能和使用

1. Word 的基本概念、Word 的基本功能和运行环境、Word 的启动和退出。

2. 文档的创建、打开、输入、保存等基本操作。

3. 文本的选定、插入与删除、复制与移动、查找与替换等基本编辑操作，以及多窗口和多文档的编辑。

4. 字体格式设置、段落格式设置、文档页面设置、文档背景设置和文档分栏等基本排版技术。

5. 表格的创建、修改，表格的修饰，表格中数据的输入与编辑，数据的排序和计算。

6. 图形和图片的插入，图形的建立和编辑，文本框、艺术字的使用和编辑。

7. 文档的保护和打印。

（四）电子表格软件的功能和使用

1. 电子表格的基本概念和基本功能，Excel 的基本功能、运行环境、启动和退出。

2. 工作簿和工作表的基本概念和基本操作，工作簿和工作表的建立、保存和退出；数据输入和编辑；工作表和单元格的选定、插入、删除、复制、移动；工作表的重命名和工作表窗口的拆分和冻结。

3. 工作表的格式化，包括设置单元格格式、设置列宽和行高、设置条件格式、使用样式、自动套用模式和使用模板等。

4. 单元格绝对地址和相对地址的概念，工作表中公式的输入和复制，常用函数的使用。

5. 图表的建立、编辑和修改，以及修饰。

6. 数据清单的概念，数据清单的建立，数据清单内容的排序、筛选、分类汇总，数据合并，数据透视表的建立。

7. 工作表的页面设置、打印预览和打印，工作表中链接的建立。

8. 保护和隐藏工作簿和工作表。

（五）PowerPoint 的功能和使用

1. PowerPoint 的基本功能、运行环境、启动和退出。

2. 演示文稿的创建、打开、关闭和保存。

3. 演示文稿视图的使用，幻灯片基本操作，包括版式、插入、移动、复制和删除等。

4. 幻灯片基本制作，包括文本、图片、艺术字、形状、表格等插入及其格式化等。

5. 演示文稿主题选用与幻灯片背景设置。

6. 演示文稿放映设计、动画设计、放映方式和切换效果等。

7. 演示文稿的打包和打印。

（六）因特网(Internet)的初步知识和应用

1. 了解计算机网络的基本概念和因特网的基础知识，主要包括网络硬件和软件、TCP/IP 协议的工作原理，以及网络应用中常见的概念，如域名、IP 地址、DNS 服务等。

2. 能够熟练掌握浏览器、电子邮件的使用和操作。

三、考试方式

1. 采用无纸化考试，上机操作。考试时间为 90 分钟。

2. 软件环境：Windows 7 操作系统，Microsoft Office 2010 办公软件。

3. 在指定时间内，完成下列各项操作：

（1）选择题（计算机基础知识和网络的基本知识）。（20分）

（2）Windows 操作系统的使用。（10分）

（3）Word 操作。（25分）

（4）Excel 操作。（20分）

（5）PowerPoint 操作。（15分）

（6）浏览器（IE）的简单使用和电子邮件收发。（10分）

计算机等级考试模拟试卷
及参考答案
（一级计算机基础及MS Office应用）

模拟试卷(一)

一、选择题(10 分)

1. 下列叙述中，正确的是____。

A. CPU 能直接读取硬盘上的数据

B. CPU 能直接存取内存储器

C. CPU 由存储器、运算器和控制器组成

D. CPU 主要用来存储程序和数据

2. 汇编语言是一种____。

A. 依赖于计算机的低级程序设计语言

B. 计算机能直接执行的程序设计语言

C. 独立于计算机的高级程序设计语言

D. 面向问题的程序设计语言

3. 一个字长为 5 位的无符号二进制数能表示的十进制数值范围是____。

A. 1～32   B. 0～31   C. 1～31   D. 0～32

4. 对计算机操作系统的作用描述完整的是____。

A. 管理计算机系统的全部软、硬件资源，合理组织计算机的工作流程，以充分发挥计算机资源的效率，为用户提供使用计算机的友好界面

B. 对用户存储的文件进行管理，方便用户

C. 执行用户键入的各类命令

D. 为汉字操作系统提供运行的基础

5. 操作系统是计算机的软件系统中____。

A. 最常用的应用软件   B. 最核心的系统软件

C. 最通用的专用软件   D. 最流行的通用软件

6. 在计算机的硬件技术中，构成存储器的最小单位是____。

A. 字节(Byte)   B. 二进制位(bit)

C. 字(Word)   D. 双字(Double Word)

7. 下列关于电子邮件的说法中错误的是____。

A. 发件人必须有自己的 E-mail 账户

B. 必须知道收件人的 E-mail 地址

C. 收件人必须有自己的邮政编码

D. 可使用 Outlook Express 管理联系人信息

8. 在 Internet 中完成从域名到 IP 地址转换的是____服务。

A. DNS   B. FTP   C. WWW   D. ADSL

9. 二进制数00111101转换成十进制数是____。

A. 58   B. 59   C. 61   D. 65

10. 计算机网络按地理范围可分为____。

A. 广域网、城域网和局域网   B. 因特网、城域网和局域网

C. 广域网、因特网和局域网   D. 因特网、广域网和对等网

11. ____是一种符号化的机器语言。

A. C 语言   B. 汇编语言   C. 机器语言   D. 计算机语言

12. DRAM 存储器的中文含义是____。

A. 静态随机存储器   B. 动态随机存储器

C. 动态只读存储器   D. 静态只读存储器

13. 通常所说的 I/O 设备是指____。

A. 输入/输出设备   B. 通信设备   C. 网络设备   D. 控制设备

14. 调制解调器的功能是____。

A. 将数字信号转换成模拟信号

B. 将模拟信号转换成数字信号

C. 将数字信号转换成其他信号

D. 将数字信号与模拟信号互相转换

15. CPU 中有一个程序计数器（又称指令计数器），它用于存储____。

A. 正在执行的指令的内容   B. 下一条要执行的指令的内容

C. 正在执行的指令的内存地址   D. 下一条要执行的指令的内存地址

16. 下列字符中，其 ASCII 码值最大的是____。

A. 9   B. D   C. a   D. Y

17. 下列 URL 的表示方法中，正确的是____。

A. http：//www. microsoft. com/index. html

B. http：\ www. microsoft. com/index. html

C. http：//www. microsoft. com \ index. html

D. http：www. microsoft. com/index. html

18. 计算机采用的主机电子器件的发展顺序是____。

A. 晶体管、电子管、中小规模集成电路、大规模和超大规模集成电路

B. 电子管、晶体管、中小规模集成电路、大规模和超大规模集成电路

C. 晶体管、电子管、集成电路、芯片

D. 电子管、晶体管、集成电路、芯片

19. 下列关于硬盘的说法错误的是____。

A. 硬盘中的数据断电后不会丢失

B. 每个计算机主机有且只能有一块硬盘

C. 硬盘可以进行格式化处理

D. CPU 不能够直接访问硬盘中的数据

20. 下面四条常用术语的叙述中，错误的是____。

A. 光标是显示屏上指示位置的标志

B. 汇编语言是一种面向机器的低级程序设计语言，用汇编语言编写的程序计算机能直接执行

C. 总线是计算机系统中各部件之间传输信息的公共通路

D. 读写磁头是既能从磁表面存储器读出信息，又能把信息写入磁表面存储器的装置

二、基本操作题(10分)

1. 在考生文件夹下 TRE 文件夹中新建名为 SABA. TXT 的新文件。

2. 将考生文件夹下的 BOYABLE 文件夹复制到考生文件夹下的 LUN 文件夹中，并命名为 RLUN。

3. 将考生文件夹下 XBENA 文件夹中 PRODU. WRI 文件的"只读"属性取消，并设置为"隐藏"属性。

4. 为考生文件夹下的 L1 \ ZUG 文件夹建立名为 KZUG 的快捷方式，并存放在考生文件夹下。

5. 搜索考生文件夹中的 MAP. C 文件，然后将其删除。

三、字处理题(25分)

1. 在考生文件夹下，打开文档 WORD1. DOCX，按照要求完成下列操作并以该文件名(WORD1. DOCX)保存文档。

【文档开始】

为什么铁在月秋上不生锈？

众所周知，铁有一个致命的缺点：容易生锈，空气中的氧气会使坚硬的铁变成一堆松散的铁锈。为此科学家费了不少心思，一直在寻找让铁不生锈的方法。

可是没想到，月亮给我们带来了曙光。月秋探测器带回来的一系列月秋铁粒样品，在地球上待了好几年，却居然毫无氧化生锈的痕迹。这是怎么回事呢？

于是，科学家模拟月秋实验环境做实验，并用 X 射线光谱分析，终于发现了其中的奥秘。原来月秋缺乏地球外围的防护大气层，在受到太阳风冲击时，各种物质表层的氧均被"掠夺"走了，长此以往，这些物质便对氧产生了"免疫性"，以至它们来到地球以后也不会生锈。

这件事使科学家得到启示：要是用人工离子流模拟太阳风，冲击金属表面，从而形成一层防氧化"铠甲"，这样不就可以使地球上的铁像"月秋铁"那样不生锈了吗？

【文档结束】

(1) 将文中所有错词"月秋"替换为"月球"；为页面添加内容为"科普"的文字水印；设置页面上、下边距各为 4 厘米。

(2) 将标题段文字("为什么铁在月球上不生锈？")设置为小二号、红色(标准色)、黑体、居中，并为标题段文字添加绿色(标准色)阴影边框。

(3) 将正文各段文字("众所周知……不生锈了吗？")设置为五号、仿宋；设置正文各段落左右各缩进 1.5 字符、段前间距 0.5 行；设置正文第一段("众所周知……不生锈的方法。")首字下沉两行、距正文 0.1 厘米；其余各段落("可是……不生锈了吗？")首行缩进 2 字符；将正文第四段("这件事……不生锈了吗？")分为等宽两栏，栏间添加分隔线。

2. 在考生文件夹下，打开文档 WORD2. DOCX，按照要求完成下列操作并以该文件名(WORD2. DOCX)保存文档。

【文档开始】

2016 级软件班成绩表

姓　　名	高 等 数 学	大 学 英 语	物　　理	平 均 成 绩
高艳	64	80	68	
杜雨	88	75	73	
章一函	71	88	82	
刘丽	69	74	65	

【文档结束】

（1）将表格上端的标题文字设置成三号、仿宋、加粗、居中，计算表格中各学生的平均成绩。

（2）将表格中的文字设置成小四号、宋体，对齐方式为水平居中。数字设置成小四号、Times New Roman 体、加粗，对齐方式为中部右对齐。小于 60 分的平均成绩用红色表示。

四、电子表格题（20 分）

在考生文件夹下打开 EXCEL. XLSX 文件，按要求完成以下操作。

1. 将 Sheet1 工作表的 A1：E1 单元格合并为一个单元格，内容水平居中；计算"成绩"列的内容，按成绩的降序次序计算"成绩排名"列的内容（利用 RANK. EQ 函数，降序）；将 A2：E17 数据区域设置为套用表格格式"表样式中等深浅 9"。

2. 选取"学号"列（A2：A17）和"成绩排名"列（E2：E17）数据区域的内容建立"簇状圆柱图"，图表标题为"成绩统计图"，清除图例；将图表移动到工作表的 A20：E36 单元格区域内，将工作表命名为"成绩统计表"，保存 EXCEL. XLSX 文件。

	A	B	C	D	E
1	某班英语成绩统计表				
2	学号	单选题数（2分/题）	多选题数（4分/题）	成绩（分）	成绩排名
3	A01	12	10		
4	A02	11	14		
5	A03	17	11		
6	A04	13	7		
7	A05	18	8		
8	A06	9	12		
9	A07	15	13		
10	A08	10	9		
11	A09	14	11		
12	A10	8	10		
13	A11	11	16		
14	A12	9	14		
15	A13	12	11		
16	A14	10	12		
17	A15	8	17		

五、演示文稿题(15分)

打开考生文件夹下的演示文稿 yswg.pptx，按照要求完成对此文稿的修饰并保存。

面对阳光的人，眼中有阳光灿烂，风光
无限，生活是如此的惬意；
背对阳光的人，眼中只有灰暗的阴影，
心事重重，生活是如此的灰暗。

心态

心态可以决定一个人的事业成败，积极
向上的心态，可以催人奋进，不畏艰险，直
达光辉的顶点；

消极悲观的心态使人意志消沉，丧失勇
气，最终与机缘擦肩而过。

所以，心态乐观者，常常处事不惊，虽
成功，但不狂妄，即使失败，也不气馁。

（1）将第一张幻灯片副标题的动画效果设置为"切入""自左侧"；将第二张幻灯片的版式改为"垂直排列标题与文本"；在演示文稿的最后插入一张版式为"仅标题"的幻灯片，键入"细说人生"。

（2）使用演示文稿设计中的"透视"模板来修饰全文。全部幻灯片的切换效果设置成"切换"。

六、上网题(10分)

浏览 http：//www. zol. com. cn/页面，找到"笔记本"链接，点击进入子页面，并将该页面以"bjb. htm"命名并保存到考生文件夹下。

模拟试卷(二)

一、选择题(10 分)

1. 下列不能用作存储器容量单位的是____。

A. KB   B. MB   C. B   D. Hz

2. 十进制数 65 对应的二进制数是____。

A. 1100001   B. 1000001   C. 1000011   D. 1000010

3. 能将计算机运行结果以可见的方式向用户展示的部件是____。

A. 存储器   B. 控制器   C. 输入设备   D. 输出设备

4. 目前，在计算机中全球都采用的符号编码是____。

A. ASCII 码   B. GB2312-80   C. 汉字编码   D. 英文字母

5. 汉字输入法中的自然码输入法称为____。

A. 形码   B. 音码   C. 音形码   D. 以上都不是

6. 下列叙述中，错误的是____。

A. 计算机的合适工作温度在 15℃～35℃

B. 计算机要求的相对湿度不能超过 80%，但对相对湿度的下限无要求

C. 计算机应避免强磁场的干扰

D. 计算机使用过程中，特别注意不要随意突然断电关机

7. 二进制数 1000100 对应的十进制数是____。

A. 63   B. 68   C. 64   D. 66

8. 操作系统是计算机系统中的____。

A. 主要硬件   B. 系统软件   C. 工具软件   D. 应用软件

9. 如果某台计算机的型号是 486/25，其中 25 的含义是____。

A. 该微机的内存为 25MB   B. CPU 中有 25 个寄存器

C. CPU 中有 25 个运算器   D. 时钟频率为 25MHz

10. 下列两个二进制数进行算术运算，11101＋10011＝____。

A. 100101   B. 100111   C. 110000   D. 110010

11. 运用"助记符"来表示机器中各种不同指令的符号语言是____。

A. 机器语言   B. 汇编语言   C. C 语言   D. BASIC 语言

12. 软件系统中，具有管理软、硬件资源功能的是____。

A. 程序设计语言   B. 字处理软件   C. 操作系统   D. 应用软件

13. 容量为 640KB 的存储设备，最多可存储____个西文字符。

A. 655360   B. 655330   C. 600360   D. 640000

14. 下列关于高级语言的说法中，错误的是____。

A. 通用性强   B. 依赖于计算机硬件

C. 要通过翻译后才能被执行   D. Basic 语言是一种高级语言

15. 多媒体信息在计算机中的存储形式是____。

A. 二进制数字信息   B. 十进制数字信息   C. 文本信息   D. 模拟信号

16. 下列关于计算机系统硬件的说法中，正确的是____。

A. 键盘是计算机输入数据的唯一手段

B. 显示器和打印机都是输出设备

C. 计算机硬件由中央处理器和存储器组成

D. 内存可以长期保存信息

17. 主要在网络上传播的病毒是____。

A. 文件型　　　　　　B. 引导型　　　　　　C. 网络型　　　　　　D. 复合型

18. 若出现____现象时，应首先考虑计算机是否感染了病毒。

A. 不能读取光盘　　　　　　　　　　　B. 启动时报告硬件问题

C. 程序运行速度明显变慢　　　　　　　D. 软盘插不进驱动器

19. 下列关于总线的说法，错误的是____。

A. 总线是系统部件之间传递信息的公共通道

B. 总线有许多标准，如 ISA、AGP 总线等

C. 内部总线分为数据总线、地址总线、控制总线

D. 总线体现在硬件上就是计算机主板

20. 下列关于网络协议说法正确的是____。

A. 网络使用者之间的口头协定

B. 通信协议是通信双方共同遵守的规则或约定

C. 所有网络都采用相同的通信协议

D. 两台计算机如果不使用同一种语言，则它们之间就不能通信

二、基本操作题（10 分）

1. 将考生文件夹下 TREE. BMP 文件复制到考生文件夹下 GREEN 文件夹中。

2. 在考生文件夹下创建名为 FILE 的文件夹。

3. 将考生文件夹下 OPEN 文件夹中的文件 SOUND. AVI 移动到考生文件夹下 GOOD 文件夹中。

4. 将考生文件夹下 ADD 文件夹中的文件 LOW. TXT 删除。

5. 为考生文件夹下 LIGHT 文件夹中的 MAY. BMP 文件建立名为 MAY 的快捷方式，并存放在考生文件夹中。

三、字处理题（25 分）

1. 在考生文件夹下打开文档 A. DOCX，其内容如下：

【文档开始】

听说，旅顺到现在仍然是不对外国人开放的，因为这里有军港。因此，在大连处处都能看到的外国人，在这里却没有丝毫踪迹。

旅顺的旅游景点，几乎全部和战争有关，从甲午战争到日俄战争，从日俄战争到抗日战争，再从抗日战争到抗美援朝。这其中的每一次战争都关系着中国的国运，前两次把中国带入了黑暗的半殖民地半封建社会，而后两次则充分显示了中国人民的伟大和英勇。他们用手中的武器，赶走侵略者，捍卫了祖国的尊严，保卫了祖国的和平。（今天仍有人怀疑中国出兵朝鲜的合适与否，他们认为这是在别国的领土上的一场和我国无关的战争，徒然给无数中国家庭造成痛苦。由于职业的原因我曾对军事战略学略有涉猎，所以我知道"张略总身"这个概念，也知道如果美军占领朝鲜，便可直接威胁我国领土。身边躺着一只随时会跳起来吃人的老虎，这种滋味不好受吧？）

【文档结束】

按要求完成以下操作并原名保存：

（1）将文中所有错词"张略总身"替换为"战略纵深"，将第一段文字设为四号、加粗、红色，倾斜。

（2）将第二段文字设置为空心字，字体效果设为阴影效果；段落行距2倍行距，悬挂缩进2字符，段后间距2行。

（3）将全文对齐方式设为右对齐，纸张大小设为自定义，高为27.9厘米，宽为18.8厘米，并以原文件名保存文档。

2. 在考生文件夹下打开文档B.DOCX，其内容如下：

【文档开始】

店铺 一月 二月 三月 合计

A 8 7 9 24

B 7 7 5 19

C 6 4 7 17

【文档结束】

按要求完成以下操作并以原文件名保存：

（1）将文中最后4行文字转换为一个4行5列的表格，再将表格的文字设为黑体、倾斜、红色。

（2）将表格的第一列的单元格设置成黄色底纹；再将表格内容按"合计"列升序进行排序，并以原文件名保存文档。

四、电子表格题（20分）

考生文件夹中有名为EX2.XLSX的Excel工作表如下：

	A	B	C	D
1	学号	平时成绩	笔试成绩	总成绩
2	B01	19	75	
3	B02	15	73	
4	B03	14	69	
5	B04	17	78	
6	B05	19	77	
7	B06	16	70	
8	B07	18	76	
9	B08	17	72	
10	B09	15	73	
11	B10	13	71	

按要求对此工作表完成如下操作并以原文件名保存：

1. 将A1：D11区域中的字体设置为黑体、蓝色。

2. 设置工作表文字、数据水平对齐方式为居中，垂直对齐方式为靠下。

3. 用SUM()函数计算"总成绩"列的内容。

4. 对"总成绩"列的内容进行自动筛选，条件为"大于90并且小于100"。

五、演示文稿题（15分）

打开考生文件夹下的演示文稿PP2.pptx，按要求完成以下操作并保存：

1. 插入一张幻灯片，版式为"仅有标题"，输入标题"保护动物人人有责"，设置字体为楷体，加下划线；动画效果为"从左侧切入"。

2. 幻灯片的切换效果设置成"阶梯状向右下展开"。

六、上网题（10分）

给老师发一个E-mail，将考生文件夹下的test.docx文件作为附件一起发送。

【收件人】hhc@mail.sdu.edu.cn

【抄送】fuxz@mail.sdu.edu.cn

【主题】测试邮件

【内容】测试Outlook 2010设置是否正确。

模拟试卷(一)参考答案

一、选择题

1. B【解析】CPU不能读取硬盘上的数据，但是能直接访问内存储器；CPU主要包括运算器和控制器，还包括若干个寄存器和高速缓冲存储器；CPU是整个计算机的核心部件，主要用于控制计算机的操作。

2. A【解析】汇编语言无法直接执行，必须翻译成机器语言程序才能执行；汇编语言不能独立于计算机；面向问题的程序设计语言是高级语言。

3. B【解析】无符号二进制数的第一位可为0，所以当为全0时最小值为0，当全为1时最大值为 $2^5-1=31$。

4. C【解析】操作系统是人与计算机之间通信的桥梁，为用户提供了一个清晰、简洁、易用的工作界面，用户通过操作系统提供的命令和交互功能实现各种访问计算机的操作。

5. B【解析】系统软件主要包括操作系统、语言处理系统、系统性能检测和实用工具软件等，其中最主要的是操作系统。

6. A【解析】度量存储空间大小的单位从小到大依次为B(Byte)、KB、MB、GB、TB。

7. C【解析】电子邮件是网络上使用较广泛的一种服务，它不受地理位置的限制，是一种既经济又快速的通信工具，收发电子邮件只需要知道对方的电子邮件地址，无需邮政编码。

8. A【解析】在Internet上域名与IP地址之间是一一对应的，域名虽然便于人们记忆，但机器之间只能互相认识IP地址，它们之间的转换工作称为域名解析，域名解析需要由专门的域名解析服务器来完成，DNS就是进行域名解析的服务器。

9. C【解析】二进制数00111101转换成十进制数为 $16+8+4+0+1=61$。

10. A【解析】计算机网络有两种常用的分类方法：①按传输技术进行分类，可分为广播式网络和点到点式网络。②按地理范围进行分类，可分为局域网(LAN)、城域网(MAN)和广域网(WAN)。

11. B【解析】汇编语言是用能反映指令功能的助记符描述的计算机语言，也称符号语言，实际上是一种符号化的机器语言。

12. B【解析】随机存储器(RAM)分为静态随机存储器(SRAM)和动态随机存储器(DRAM)；静态随机存储器(SRAM)读写速度快，生产成本高，多用于容量较小的高速缓冲存储器；动态随机存储器(DRAM)读写速度较慢，集成度高，生产成本低，多用于容量较大的主存储器。

13. A【解析】输入/输出设备(In/Out设备，简称I/O设备)，键盘属于输入设备，显示器和打印机等属于输出设备。

14. D【解析】调制解调器是计算机与电话线之间进行信号转换的装置，由调制器和解调器两部分组成，调制器是把计算机的数字信号(如文件等)调制成可在电话线上传输的模拟信号(如声音信号)的装置，在接收端，解调器再把模拟信号(声音信号)转换成计算机能接收的数字信号。通过调制解调器和电话线可以实现计算机之间的数据通信。

15. D【解析】为了保证程序能够连续地执行下去，CPU必须具有某些手段来确定下一条指令的地址，而程序计数器正是起到这种作用，所以通常又称为指令计数器。在程序开始执行前，必须将它的起始地址，即程序的一条指令所在的内存单元地址送入计算机，因此程序计数器的内容即是从内存提取的第一条指令的地址。

16. D【解析】ASCII 码用十六进制表示为：9 对应 39，D 对应 44，a 对应 61，Y 对应 79。

17. A【解析】典型的统一资源定位器(URL)的基本格式为"协议类型：//IP 地址或域名/路径/文件名"。

18. B【解析】计算机从诞生发展至今所采用的逻辑元件的发展顺序是电子管、晶体管、中小规模集成电路、大规模和超大规模集成电路。

19. B【解析】硬盘的特点是存储容量大、存取速度快。硬盘可以进行格式化处理，格式化后，硬盘上的数据丢失。每台计算机可以安装一块以上的硬盘，扩大存储容量。CPU 只能通过访问硬盘存储在内存中的信息来访问硬盘。断电后，硬盘中存储的数据不会丢失。

20. B【解析】用汇编语言编制的程序称为汇编语言程序，汇编语言程序不能被机器直接识别和执行，必须由汇编程序(或汇编系统)翻译成机器语言程序才能运行。

二、基本操作题

1.【解析】新建文件。

步骤 1：打开考生文件夹下 TRE 文件夹；

步骤 2：单击鼠标右键，在弹出的快捷菜单中选择"新建"→"文本文档"命令，即可创建新的文件，此时文本文档名称呈可编辑状态。编辑名称为题目指定的名称"SABA.TXT"。

2.【解析】复制文件夹和文件夹命名。

步骤 1：打开考生文件夹，选中 BOYABLE 文件夹；

步骤 2：单击鼠标右键，在弹出的快捷菜单中选择"复制"命令，或按快捷键 Ctrl＋C；

步骤 3：打开考生文件夹下的 LUN 文件夹；

步骤 4：单击鼠标右键，在弹出的快捷菜单中选择"粘贴"命令，或按快捷键 Ctrl＋V；

步骤 5：选中复制过来的文件；

步骤 6：按 F2 键，此时文件的名字处呈可编辑状态，编辑名称为题目指定的名称 RLUN。

3.【解析】设置文件属性。

步骤 1：打开考生文件夹；

步骤 2：选中 PRODU.WR1，单击鼠标右键，在弹出的快捷菜单中选择"属性"命令，即打开"属性"对话框；

步骤 3：在"属性"对话框中，将"只读"选项前面的复选框中的勾选取消，勾选"隐藏"选项前面的复选框，单击"确定"按钮。

4.【解析】创建文件夹的快捷方式。

步骤 1：打开考生文件夹；

步骤 2：在文件夹内空白处右键单击，在弹出快捷菜单中选择"新建"→"快捷方式"命令，即可打开"创建快捷方式"对话框；

步骤 3：单击"浏览"按钮，选择文件路径"考生文件夹＼L1＼ZUG"，"下一步"按钮呈可单击状态，此时单击"下一步"按钮，键入快捷方式名称"KZUG"，单击"完成"按钮。

5.【解析】搜索文件和删除文件。

步骤 1：打开考生文件夹；

步骤 2：在工具栏右上角的"搜索"文本框中输入要搜索的文件名"MAP.C"，按 Enter

键，搜索结果将显示在文件窗口中；

步骤3：选中该文件，单击鼠标右键，在弹出的快捷菜单中选择"删除"命令，在弹出的"删除文件"对话框中单击"是"按钮，即可将文件删除到回收站。

三、字处理题

1.(1)【解题步骤】

步骤1：通过"答题"菜单打开WORD1.DOCX文件，用鼠标选中全部文本包括标题段，或者按快捷键Ctrl＋A选中全部文本，在"开始"选项卡"编辑"命令组中，单击"替换"按钮，弹出"查找和替换"对话框。选择"全部替换"选项卡，按题目要求将"月秋"替换为"月球"，操作完成后关闭"查找和替换"对话框。

步骤2：单击"页面布局"选项卡"页面背景"命令组的"水印"下方的三角按钮，在打开的下拉列表中选择"自定义水印"命令，选中"文字水印"，将文字选项中的"保密"改为"科普"，单击"确定"按钮。

步骤3：单击"页面布局"选项卡"页面设置"命令组"页边距"下方的三角按钮，在打开的下拉列表中选择"自定义边距"命令，打开"页面设置"对话框，选择"页边距"选项卡，并将上、下页边距改成4厘米，操作完成后单击"确定"按钮。

(2)【解题步骤】

步骤1：设置标题段格式。首先选中标题段"为什么铁在月球上不生锈？"，"开始"选项卡"字体"命令组右下角的下拉箭头按钮，弹出"字体"对话框，单击"字体"选项卡，设置"字号"为"小二号"，在"中文字体"中选择"黑体"，在"字体颜色"中选择"红色（标准色）"，单击"确定"按钮。

步骤2：设置标题段对齐方式。选中标题段，在"开始"选项卡"段落"命令组中，单击"居中"按钮。

步骤3：设置标题段边框。选中标题段"为什么铁在月球上不生锈？"，选择"页面布局"选项卡，在"页面背景"命令组中单击"页面边框"选项，打开"边框和底纹"对话框，选择"边框"选项卡中的"阴影"，单击"颜色"选项的下拉箭头，选择绿色（标准色），在预览区下面的"应用于"下拉菜单中选择"段落"，单击"确定"按钮。

(3)【解题步骤】

步骤1：按题目要求设置正文字体。选中正文各段，在"开始"选项卡"字体"命令组右下角的下拉箭头按钮，弹出"字体"对话框，单击"字体"选项卡，设置"字号"为"五号"，在"中文字体"中选择"仿宋"，单击"确定"按钮。

步骤2：按题目要求设置正文段落格式。选中正文各段，在"开始"选项卡"段落"命令组右下角的下拉箭头按钮，弹出"段落"对话框，按要求设置段落的左右缩进为1.5字符，段前间距为0.5行，单击"确定"按钮。

步骤3：按题目要求设置首字下沉。仅选择正文第一段，然后在"插入"选项卡"文本"命令组中，单击"首字下沉"下面的三角按钮，选择"首字下沉"选项，按题目要求选择"下沉"，下沉行数为2，距正文0.1厘米，单击"确定"按钮。

步骤4：按题目要求设置段落首行缩进。选中除第一段以外的各段落，单击"开始"选项卡"段落"命令组右下角的下拉箭头按钮，弹出"段落"对话框，在"特殊格式"下拉菜单下选择"首行缩进"，设置为缩进2字符，单击"确定"按钮。

步骤5：按题目要求为段落设置分栏。选中第四段，单击"页面布局"选项卡"页面设置"命令组"分栏"选项下的三角按钮，选择"更多分栏"命令打开"分栏"对话框，设置为 2 栏，并勾选"分隔线"，单击"确定"按钮。

步骤 6：保存文件。

2.(1)【解题步骤】

步骤 1：通过"答题"菜单打开文档 WORU2.DOCX，按题目要求设置表格标题字体。选中表格标题，在"开始"选项卡"字体"命令组中，单击"字体"按钮，弹出"字体"对话框。在"字体"选项卡中，设置"中文字体"为"仿宋"，设置"字号"为"三号"，设置"字形"为"加粗"，单击"确定"按钮。

步骤 2：按题目要求设置表格标题对齐方式。选中表格标题，在"开始"选项卡"段落"命令组中，单击"居中"按钮。

步骤 3：按题目要求利用公式计算表格内容。单击"平均成绩"列的第二行，在"布局"选项卡"数据"命令组中，单击"公式"按钮，弹出"公式"对话框，在"公式"输入框中插入"＝AVERAGE(LEFT)"，单击"确定"按钮。

(2)【解题步骤】

步骤 1：按题目要求设置字体。选中表格中的文字，在"开始"选项卡"字体"命令组中，单击"字体"按钮，弹出"字体"对话框。在"字体"选项卡中，设置"中文字体"为"宋体"，设置"字号"为"小四"，单击"确定"按钮。选中表格中的数字，按照同样的操作设置"西文字体"为 Time New Roman，设置"字号"为"小四"，设置"字形"为"加粗"，单击"确定"按钮。

步骤 2：按题目要求设置表格内容对齐方式。选中表格中的文字，在"布局"选项卡"对齐方式"命令组中，单击"水平居中"按钮。选中表格中的数字，按照同样的操作设置表格中的数字为"中部右对齐"。

步骤 3：选中"平均成绩"列中成绩小于 60 的单元格，在"开始"选项卡"字体"命令组中，单击"字体"按钮，弹出"字体"对话框。在"字体"选项卡中，设置"字体颜色"为"红色"，单击"确定"按钮。

步骤 4：保存文件。

四、电子表格题

1.【解题步骤】

步骤 1：通过"答题"菜单打开 EXCEL.XLSX 文件，按题目要求合并单元格并使内容居中。选中 Sheet1 工作表的 A1：E1 单元格，单击"开始"选项卡"对齐方式"命令组的"合并后居中"按钮。

步骤 2：计算"成绩"列的内容。单击选中 D3 单元格，输入公式＝"SUM(B3：C3)"，将鼠标移动到 D3 单元格的右下角，此时鼠标会变成小十字形状，按住鼠标左键不放向下拖动即可计算出其他行的值。（注：当鼠标指针放在已插入公式的单元格的右下角时，它会变为小十字"＋"，按住鼠标左键拖动其到相应的单元格即可进行数据的自动填充。）

步骤 3：对成绩进行排序。选中"成绩"所在列，单击"数据"选项卡"排序和筛选"命令组的"降序"按钮(若弹出排序提醒对话框，则单击"排序"按钮)。

步骤 4：计算"成绩排名"列的内容。选中单元格 E3，在 E3 单元格中输入公式＝RANK(D3，＄D＄3：＄D＄17，1)，鼠标移动到 E3 单元格的右下角，此时鼠标会变成小十字形状，按住鼠标左键不放向下拖动即可计算出其他行的值。

步骤 5：设置为套用表格格式。选中 A2：E17 单元格，在"开始"选项卡"样式"命令组中，单击"套用表格格式"旁边的三角按钮，选择套用表格格式"表样式中等深浅9"。

2.【解题步骤】

步骤1：按题目要求建立"簇状圆柱图"。按住 Ctrt 键同时选取"学号"和"成绩排名"列，单击"插入"选项卡"图表"右下角的下拉箭头按钮，弹出"插入图表"对话框，在"柱形图"中选择"簇状圆柱图"，单击"确定"按钮，即可插入图表。

步骤2：按题目要求设置图表标题和图例。单击已插入的图表，在"图表工具"→"布局"选项卡下，单击"图例"选项下的三角按钮，选择"无"；在"布局"选项卡"标签"命令组中单击"图表标题"按钮，在弹出的下拉列表中选择"图表上方"，即可在图表上方更改图表标题为"成绩统计图"。

步骤3：调整图表的大小并移动到指定位置。按住鼠标左键选中图表，将其拖动到A20：E36单元格区域内。（注：不要超过这个区域。如果图表过大，无法放下，可以将鼠标放在图表的右下角，当鼠标指针变为双向箭头时，按住左键拖动可以将图表缩小到指定大小。）

步骤4：为工作表重命名，并保存工作表。在工作表下面，右击"Sheet1"选择"重命名"，将工作表名称改为"成绩统计表"，保存工作表。

五、演示文稿题

（1）【解题步骤】

步骤1：通过"答题"菜单打开考生文件夹下的 yswg.pptx 文件，按题目要求设置副标题的动画效果。选中第一张幻灯片的副标题，在"动画"选项卡"动画"命令组中，单击"其他"下三角按钮，选择"更多进入效果"选项，弹出"更改进入效果"对话框。在"基本型"选项组中选择"切入"效果，单击"确定"按钮。在"动画"命令组中，单击"效果选项"按钮，选择"自左侧"选项。

步骤2：按题目要求设置幻灯片版式。选中第二张幻灯片，在"开始"选项卡"幻灯片"命令组中，单击"版式"按钮，选择"垂直排列标题与文本"选项。

步骤3：按题目要求插入新幻灯片。用鼠标单击最后一张幻灯片后面的位置，在"开始"选项卡"幻灯片"命令组中，单击"新建幻灯片"三角按钮，选择"仅标题"选项。新插入的幻灯片作为最后一张幻灯片。

步骤4：在最后一张幻灯片的"单击此处添加标题"处输入"细说人生"。

（2）【解题步骤】

步骤1：按题目要求设置幻灯片模板。选中全部幻灯片，在"设计"选项卡"主题"命令组中，单击"其他"三角按钮，选择"透视"模板。

步骤2：按题目要求设置幻灯片的切换效果。选中幻灯片，在"切换"选项卡"切换到此幻灯片"命令组中，单击"其他"三角按钮，在"华丽型"选项组中选择"切换"效果。

步骤3：保存文件。

六、上网题

【解题步骤】

步骤1：通过"答题"菜单启动 Internet Explorer，打开 IE 浏览器。

步骤2：将网址 http：//www.zol.com.cn/输入到地址栏按 Enter 键，打开网页，查看网页信息，找到"笔记本"的链接，单击链接，打开此页面。

步骤3：单击工具栏"文件"菜单下"另存为"，在打开的"保存网页"对话框中，设置文件名称为"bib"，保存类型为"网页"，单击"保存"按钮。

模拟试卷(二)参考答案

一、选择题

1. D【解析】在计算机中通常使用三个数据单位：位、字节和字。位是最小的存储单位，英文名称是 bit，常用小写字母 b 或 bit 表示。用 8 位二进制数作为表示字符和数字的基本单元，英文名称是 byte，称为一字节，通常用大写字母 B 表示。

1KB(千字节)＝1024B(字节)

1MB(兆字节)＝1024KB(千字节)

2. B【解析】要将十进制数转换成二进制数可以采用"除 2 取余"法，结果是1000001。

3. D【解析】输出设备的主要功能是将计算机处理的各种内部格式信息转换为人们能识别的形式。

4. A【解析】目前，微型机中普遍采用的字符编码是 ASCII 码，它采用 7 位二进制码对字符进行编码，从0000000至1111111可以表示 128 个不同的字符。

5. C【解析】自然码输入法属于音形码输入法，它是以拼音为主，辅以字形字义进行编码的。

6. B【解析】计算机相对湿度一般不能超过80％，否则会使元件受潮变质，甚至会漏电、短路，以致损害机器。相对湿度低于20％，则会因过于干燥而产生静电，引发机器的错误动作。

7. B【解析】二进制转换成十进制可以将它展开成 2 次幂的形式来完成。

8. B【解析】系统软件包括操作系统、语言处理系统、系统性能检测、实用工具软件。

9. D【解析】25 指的是计算机的时钟频率。

10. C【解析】二进制数算术加运算的运算规则是 0－0＝0，0－1＝1(借位 1)，1－0＝1，1－1＝0。

11. B【解析】能被计算直接识别并执行的二进制代码语言称为机器语言，用助记符表示二进制代码的机器语言称为汇编语言，高级语言是同自然语言和数字语言比较接近的计算机设计语言，用高级语言设计的程序不能直接在机器上运行，需要通过编译程序转换成机器语言，程序才能在机器上执行。

12. C【解析】操作系统是对硬件功能的首次扩充，其他软件则是建立在操作系统之上的，通过操作系统对硬件功能进行扩充，并在操作系统的统一管理和支持下运行各种软件。它有两个重要的作用：一是管理系统中的各种资源；二是为用户提供良好的界面。

13. A【解析】一个西文字符占用一个字节，640KB＝640×1 024＝655 360B。

14. B【解析】用高级程序设计语言编写的程序具有可读性和可移植性，用高级语言编写的程序称为高级语言源程序，计算机是不能接识别和执行高级语言源程序的，也要通过解释和编译把高级语言程序翻译成等价的机器语言程序才能执行。

15. A【解析】多媒体的实质是将以不同形式存在的各种媒体信息数字化，然后用计算机对它专门进行组织、加工，并以友好的形式提供给用户使用。传统媒体信息基本上是模拟信号，而多媒体处理的信息都是数字化信息，这正是多媒体信息能够集成的基础。

16. B【解析】计算机的硬件主要包括中央处理器(包括运算器和控制器)、存储器、输入设备和输出设备。键盘和鼠标属于输入设备，显示器和打印机属于输出设备。

17. C【解析】计算机病毒按其感染的方式，可分为引导型病毒、文件型病毒、复合型病毒、宏病毒和网络型病毒。网络型病毒大多是通过E-mail传播，破坏特定扩展名的文件，并使邮件系统变慢，甚至导致网络系统崩溃。

18. C【解析】计算机感染病毒后可能会出现以下现象：①磁盘文件数目无故增多；②系统的内存空间明显变小；③文件的日期时间值被修改成接近的日期或时间(用户自己并没有修改)；④感染病毒后的可执行文件的长度通常会明显增加；⑤正常情况下可以运行的程序却突然因RAM区不足而不能载入；⑥程序加载时间和程序执行时间比正常时间明显变长；⑦计算机经常出现死机或不能正常启动；⑧显示器上经常出现一些莫名其妙的信息或异常现象；⑨从有写保护的软盘上读取数据时，发生写盘的动作，这是病毒往软盘上传染的信号。

19. C【解析】总线就是系统部件之间传送信息的公共通道，各部件由总线连接并通过它传递数据和控信号。总线分为内部总线和系统总线。总线在发展过程中形成了许多标准，如ISA、EISA、PCI和AGP总线等。总线体现在硬件上就是计算机主板，它也是配置计算机时的主要硬件之一。

20. B【解析】协议指的是计算机通信过程中，通信双方对速率、传输代码、代码结构、传输控制步骤以及出错控制等要遵守的约定。

二、基本操作题

1.【解析】复制文件或文件夹。

右击"我的电脑"或"Windows资源管理器"中要复制的文件，在快捷菜单中选择"复制"命令，打开要存放副本的文件夹，右击在快捷菜单中选择"粘贴"命令即可完成操作。

2.【解析】创建文件夹。

在"Windows资源管理器"中打开新文件夹的存放位置，右击打开快捷菜单，在快捷菜单中选择"新建"→"文件夹"命令，输入新文件夹的名称后，按Enter键即可完成操作。

3.【解析】移动文件或文件夹。

右击"我的电脑"或"Windows资源管理器"中要移动的文件，在快捷菜单中选择"剪切"命令，打开要存放的文件夹，右击在快捷菜单中选择"粘贴"命令。

4.【解析】删除文件或文件夹。

右击"我的电脑"或"Windows资源管理器"中要删除的文件，在快捷菜单中选择"删除"命令。另外，也可以将文件或文件夹图标拖动到"回收站"。如果拖动时按住了Shift键，该项目将从计算机中删除而不保存在"回收站"中。

5.【解析】创建快捷方式。

右击"Windows资源管理器"中要创建快捷方式的文件，在快捷菜单中选择"新建"→"快捷方式"命令即可完成操作。

三、字处理题

1.(1)【解题步骤】

步骤1：选定要编辑的文字使之反显。

步骤2：打开"字体"对话框。

步骤 3：在"字体"对话框中设置字体、字形、字号等。

步骤 4：打开"查找和替换"对话框。

步骤 5：在"查找内容"对话框中输入要查找的内容，在"替换为"对话框中输入要替换的内容。

步骤 6：单击"全部替换"命令。

（2）【解题步骤】

步骤 1：选中要设置的段落使之反显。

步骤 2：在所选区域中，单击鼠标右键，从弹出的快捷菜单中选择"段落"命令，打开"段落"对话框。

步骤 3：在"段落"对话框中设置缩进量、间距、行距、对齐方式等。

（3）【解题步骤】

步骤 1：打开"页面设置"对话框。

步骤 2：单击"纸张"选项卡，单击"纸型"列表框中的下拉按钮，选择要定义的纸型，在"宽度"和"高度"文本框中分别输入纸张的宽度和高度。

2.（1）【解题步骤】

步骤 1：选定需转换的文字。

步骤 2：单击"表格"→"转换"→"文本转换成表格"命令，打开"将文字转换成表格"对话框。

步骤 3：在"将文字转换成表格"对话框中设置表格列数、列宽值及分隔文字的位置。

步骤 4：将光标定位在需要设置的表格内。

步骤 5：单击鼠标右键，在弹出的快捷菜单中选择"边框和底纹"命令。

步骤 6：在"边框"选项卡中设置边框类型、颜色、应用范围等。

步骤 7：在"底纹"选项卡中设置填充色、应用范围等。

（2）【解题步骤】

步骤 1：选定需排序的数据。

步骤 2：单击"开始"选项卡"编辑"命令组中的"排序和筛选"命令，打开"排序"对话框。

步骤 3：在"排序"对话框中根据题目要求设置相应的值。

四、电子表格题

1.【解题步骤】

步骤 1：选择 A1：D11 区域。

步骤 2：打开"设置单元格格式"对话框，在"字体"选项卡中进行字体和颜色设置。

2.【解题步骤】

步骤 1：选定要操作的单元格。

步骤 2：打开"设置单元格格式"对话框。

步骤 3：如果要求对格式进行操作，可以在"对齐"选项卡中选择；如果要求设置字体，可以在"字体"选项卡中进行设置。

步骤 4：用户还可以单击"格式"工具栏中的相应按钮进行对齐设置。

3.【解题步骤】

步骤 1：选择要输入的单元格。

步骤2：如果是简单的计算公式，可以通过手动来书写；如果公式比较复杂，可以单击"插入"选项卡中的"函数"命令，然后在出现的对话框中选择相应的函数。

步骤3：选择相应的计算区域。

4.【解题步骤】

步骤1：选定需要自动筛选的数据清单。

步骤2：单击"开始"选项卡"编辑"命令组中的"排序和筛选"命令，从其子菜单中选择"筛选"命令，建立自动筛选查询器。

步骤3：为查询器设置筛选条件。

步骤4：显示查询结果。

五、演示文稿题

【解题步骤】

步骤1：在幻灯片浏览视图中，将光标定在要插入新幻灯片的位置，右击在快捷菜单中选择"新建幻灯片"命令，按照题目要求选择相应版式，然后单击"确定"按钮即可。

步骤2：在幻灯片视图下，分别在标题及文本区的占位符中输入标题文字和文本区文字。

步骤3：单击文本占位符，打开"字体"对话框，选择题目要求的字体，字形、字号和颜色。

步骤4：在幻灯片或幻灯片浏览视图中，选择要添加切换效果的幻灯片，在"切换"选项卡"效果选项"下拉列表框中单击需要的切换效果。

步骤5：在幻灯片或幻灯片浏览视图中，选择要添加动画效果的幻灯片，在"动画"选项卡中按照要求对动画效果进行设置，最后单击"确定"按钮即可。

六、上网题

【解题步骤】

步骤1：通过"答题"菜单启动Outlook 2010，打开Outlook 2010。

步骤2：在Outlook 2010功能区中单击"新建电子邮件"按钮，弹出"邮件"对话框。

步骤3：在"收件人"文本框中输入"hhc@mail.sdu.edu.ca"；在"抄送"文本框中输入fuxz@mail.sdu.edu.cn，在"主题"文本框中输入"测试邮件"；在窗口中央空白的编辑区域内输入邮件的主题内容"测试Outlook2010设置是否正确。"单击"发送"按钮。

参 考 文 献

[1] 刘艳，蒋慧平，曹守富. 大学计算机应用基础上机实训(Windows 7＋Office 2010)[M]. 西安：西安电子科技大学出版社，2014.

[2] 何新洲，刘振栋. 计算机组装与维护[M]. 北京：清华大学出版社，2015.

[3] 汤敏，陈雅芳，菅志宇. 办公自动化案例教程：Office 2010[M]. 北京：清华大学出版社，2016.

[4] 全国计算机等级考试命题研究中心，未来教育教学与研究中心. 全国计算机等级考试模拟考场(一级计算机基础及 MS Office 应用)[M]. 成都：电子科技大学出版社，2013.